ISBN 3-05-500652-6

AKADEMIE DER WISSENSCHAFTEN DER DDR

ATLAS DER VERBREITUNG PALAEARKTISCHER VÖGEL

Begründet von
E. STRESEMANN, Berlin, und L. A. PORTENKO, Leningrad

16. Lieferung

Herausgegeben von
H. DATHE, Berlin, und W. M. LOSKOT, Leningrad
Bearbeitet von
W. M. CHRABRYJ, W. M. LOSKOT, I. A. NEUFELDT,
E. v. VIETINGHOFF-SCHEEL, K. WUNDERLICH

Mit 10 zweifarbigen Verbreitungskarten

AKADEMIE-VERLAG BERLIN
1989

Aus der Forschungsstelle für Wirbeltierforschung (im Tierpark Berlin)
der Akademie der Wissenschaften der DDR

ISBN 3-05-500652-6

Erschienen im Akademie-Verlag Berlin, Leipziger Straße 3—4, Berlin, DDR-1086

Lizenznummer: 202 · 100/507/89
Printed in the German Democratic Republic
Gesamtherstellung: VEB Druckerei „Thomas Müntzer", 5820 Bad Langensalza
LSV 1375
Bestellnummer: 763 956 5 (3034/16)
03000

Inhalt der 16. Lieferung

Vorwort der 16. Lieferung

Neuerlich ist uns freundliche Unterstützung seitens versierter Kollegen zuteil geworden. Wiederum sind wir Prof. Dr. J. MARTENS, Mainz, besonders dankbar. Die Ergebnisse seiner avifaunistischen Forschungen im Nepal-Himalaya standen zur Verfügung und machten es möglich, ältere Angaben zu Fundorten in dieser Region zu aktualisieren und die ökologische und andere Kommentierung erfreulich detailliert vorzunehmen.

Des weiteren sind wir den Herren S. ECK, Dresden, A. ESTAFJEW, Lobkow, J. B. PUKINSKIJ, Leningrad, A. P. SCHAPOWAL und B. STSCHERBAKOW verpflichtet.

Mit dieser Lieferung übernahm dankenswerterweise Frau WALTRAUD AMBERG, Berlin, das Anfertigen der Verbreitungskarten. Sie trat an die Stelle von Frau RENATE SCHWARZ, Berlin.

ERIKA V. VIETINGHOFF-SCHEEL KLAUS WUNDERLICH

XVI · 1989

Parus melanolophus Vigors

bearbeitet von

Klaus Wunderlich

FUNDORTLISTE

Nr.	Fundort		Quelle
1.	zw. Usman-Khel u. Saroti Kotal (Prov. Gardez)	Ac	Paludan 1959
—	Hariab Valley (Gardez Forest)	Ac	Whistler 1944
—	Sirotai	AJ	Vaurie 1950
2.	oberhalb Khudi Khel	A	Vaurie 1950
3.	Pashki	Ac	Paludan 1959
—	nahe Pashki	BJ	Löhrl u. Thielcke 1969
—	Wama	A	Paludan 1959
—	Gusalek (29. II., 20. III.)		Paludan 1959
4.	Chitral	B	Vaurie 1959
5.	Gilgit	B	Biddulph 1880, Ali u. Ripley 1973
6.	Baltistan	B	Ali u. Ripley 1973
7.	bei Kyelang	Aa	Whistler 1925
—	bei Jispar	AJ	Whistler 1925
8.	Lata	A	Devillers 1976
—	Lata Kharak	A	Devillers 1976
9.	S-Dolpo	Ac	Fleming et al. 1979
10.	bei Ringmo/Phoksumdo-See	B	Martens 1971
—	Gompa/Tarakot	A	Martens 1975
—	Thankur	A	Martens 1975
—	Dhorpatan	A	Martens 1975
11.	oberes Kali Gandaki-Tal	↓ A	Inskipp u. Inskipp 1985
12.	E Ghorepani	↓ A	Inskipp u. Inskipp 1985
13.	oberhalb von Maina (6. IV.)		Inskipp u. Inskipp 1985
14.	Kumaon	AJ	Vaurie 1950
—	Gunji	J	Vaurie 1950
—	Dhakuri	A	Vaurie 1950
—	Martali	A	Vaurie 1950
15.	Simla-Almora-Distr.	A	Ticehurst u. Whistler 1924
16.	Garwhal	B	Vaurie 1950
—	Kanal	A	Vaurie 1950
17.	Kangra-Distr.	Bc	Whistler 1926
18.	Matiyal (Zoji La), VII.		Osmaston 1930
19.	Sonamurg	AcB	Davidson 1898, Osmaston 1930
—	bei Baltal (12. IV.)		Meinertzhagen 1927
20.	bei Gulmarg	Ac	Meinertzhagen 1927
21.	oberhalb Bandipur (Wular Lake)	J	Vaurie 1950
22.	Murree Hills	Ac	Whitehead 1909, Whistler 1930

Anmerkungen

Zu P. 11 und 12:

Inskipp u. Inskipp (1985) verweisen auf die Notwendigkeit, das Auftreten der Art dort zu bestätigen. Martens (brfl. 1989) unterstreicht diese Notwendigkeit mit Nachdruck und hält es für abwegig, bei P. 11 und P. 12 an Brutorte zu denken: „Ich habe dort Hunderte von Tannenmeisen gesehen, Dutzende in den Netzen gehabt . . . „Nie tauchte ein *melanolophus*-Phän auf, alles war *ater aemodius*, wenn auch mit Spuren von Introgression, wie ich das 1975 dargestellt habe . . . jedoch, dort gibt es *P. rufonuchalis*, die *melanolophus* ja wie aus dem Gesicht geschnitten ist, wenn auch deutlich größer!"

Somit folgte der Grenzverlauf vorerst besser den P. 9, 10 und 13.

LITERATUR

Ali u. Ripley 1973 — Birds of India and Pakistan. 9. Delhi-Oxford-New York. 178—179.

Bates u. Lowther 1952 — Breeding Birds of Kashmir. London. 25—27.

Biddulph 1880 — Stray Feathers 9, 337.

Biddulph 1881 — Ibis 5 (4), 72.

Davidson 1898 — Ibis 4 (7), 9.

Devillers 1976 — Gerfaut 66, 244.

Diesselhorst u. Martens 1972 — J. Orn. 113, 374—390.

Fleming, Fleming u. Bangdel 1979 — Birds of Nepal. Kathmandu. 278.

Hartert 1910 — Vögel paläarkt. Fauna. I. Berlin. 362.

Inskipp u. Inskipp 1985 — Guide to the Birds of Nepal. London-Sydney. 325.

Lavkumar 1956 — J. Bombay Nat. Hist. Soc. 53, 320.

Löhrl u. Thielcke 1969 — Bonner Zool. Beiträge 20, 89—92.

Martens 1971 — J. Orn. 112, 425—426.

Martens 1975 — J. Orn. 116, 397—429.

Meinertzhagen 1927 — Ibis 3 (12), 412.

Osmaston 1930 — J. Bombay Nat. Hist. Soc. 34, 114, 130.

Paludan 1959 — Vidensk. Medd. Dansk Naturhist. Foren. 122, 247—248.

Snow 1955 — Ardea 43, 195—226.

Stoliczka 1868 — J. Asiat. Soc. 1, 52.

Thielcke 1968 — Vogelwelt, Beih. 1, 147—164.

Ticehurst u. Whistler 1924 — Ibis 6 (11), 471.

Vaurie 1950 — Amer. Mus. Novit. 1459, 48.

Vaurie 1959 — Birds palearct. Fauna, Passerif., London. 496.

Wardlaw-Ramsay 1879 — Ibis 3 (4), 445.

Whistler 1925 — Ibis 1 (12), 165.

Whistler 1926 — Ibis 2 (12), 536.

Whistler 1930 — Ibis 6 (12), 75—76.

Whistler 1944 — J. Bombay Nat. Hist. Soc. 44, 516.

Whitehead 1909 — Ibis 3 (a), 108.

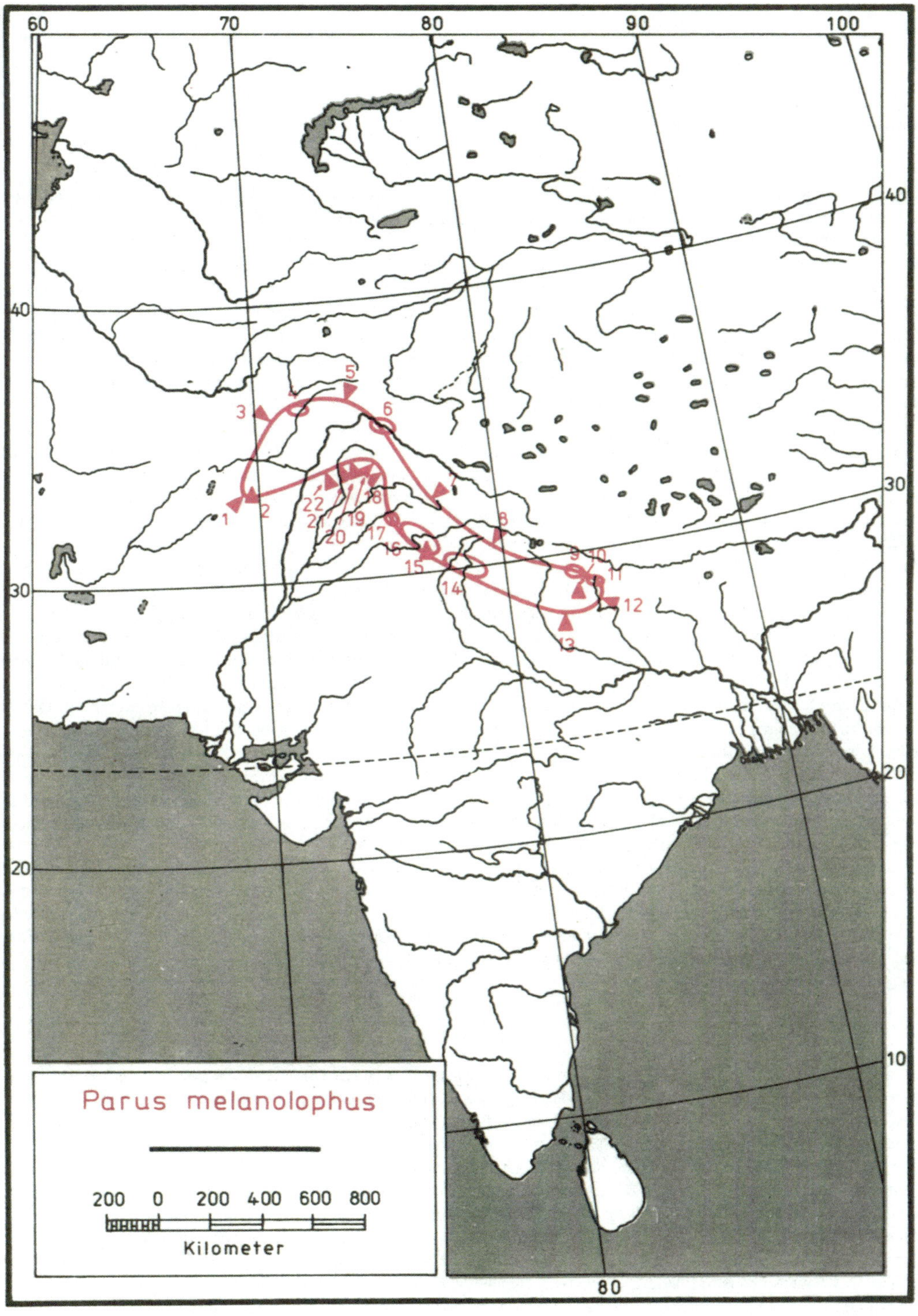

Parus melanolophus
200 0 200 400 600 800
Kilometer

Parus melanolophus Vigors

Schwarzschopfmeise

Verwandtschaft und Verbreitung

Über subspezifische Differenzierung ist nichts bekannt (siehe VAURIE 1950).

P. melanolophus, die Fichtenmeise, *P. rubidiventris*, und die Tannenmeise, *P. ater* (Untergattung *Periparus*), sind nahe miteinander verwandt — vgl. besonders die auffallende Ähnlichkeit mit der Himalaya-Tannenmeise, *P. a. aemodius* (Fig. 1 in SNOW 1955, auch Taf. 1 in DIESSELHORST u. MARTENS 1972).

Vor Jahren noch galten Schwarzschopf- und Himalaya-Tannenmeise als allopatrisch verbreitet. Bekannt waren große isolierte Vorkommen von *P. melanolophus* ab Afghanistan über den westlichen Himalaya bis Garwhal; von *P. a. (aemodius)* von Sikang, Nord-Jünnan bis nach Nepal. Nach neuerer Kenntnis aber reicht das *P. melanolophus*/*P. a. aemodius*-Areal ununterbrochen über den gesamten Himalaya. „Im Dhaulagiri-Massiv W-Nepals kommen *aemodius* und *melanolophus* in Kontakt und bilden dort eine Hybridzone, in der lokal Individuen vorkommen, die gegenüber beiden Ausgangsformen ein neues und innerhalb der Tannenmeisen-Gruppe gänzlich unbekanntes Farbmuster aufweisen“ (MARTENS 1975, siehe auch Abb. 18 u. 20). Genauer zur Lage des ca. 70 km breiten Introgressionsgebiets vgl. dort, p. 401, zur Merkmalsprogression in der Zone der Hybridisierung p. 405/406.

In arealhistorischer Sicht erscheinen die zentralasiatischen Splitterareale beider als „Relikte einer ehemals kontinuierlichen Verbreitung, als vor oder während der Auffaltung des Himalaya Zentralasien humider und einheitlicher mit Wald bedeckt war als heute. Zugleich decken sich diese Arealsplitter weitgehend mit pleistozänen Refugialgebieten“, was jene Deutung unterstreicht (l. c.). Die Beziehungen von *P. melanolophus* und *P. a. aemodius* sind durch übereinstimmende ökologische Merkmale sowie wenig entwickelte akustische und stark ausgeprägte morphologische Differenzen gekennzeichnet. Die genetische Divergenz legt als taxonomische Schlußfolgerung nahe, die Schwarzschopfmeise mit den anderen Formen des Tannenmeisen-Komplexes zu einer Superspezies zu verklammern, „innerhalb der beide Gruppen nur noch als Semispezies fungieren“ (MARTENS 1975). Derart werde betont, daß die 20 Unterarten der Tannenmeise zueinander engere Beziehungen haben als zur Schopfmeise *melanolophus*.

Kursorisch zum sekundären Kontakt beider im zentralen Himalaya (nach MARTENS 1975): Beide Ausgangsformen bzw. die Hybriden treten an keiner Stelle des *melanolophus*- bzw. *aemodius*-Areals nebeneinander auf. Auffallendes Zuwandern aus westlichen und östlichen Arealteilen ins Hybridgebiet ist nicht wahrgenommen worden. Die wenigen, nur lokal in einem Hochtal auftretenden (rostbäuchigen) Bastarde weichen von den Ausgangsformen in Farbmuster und Färbung markant ab, sind nicht intermediär. Daneben existieren aber auch variable Phäne mit wenig Rostrot ventral. Alle wirken heller grau als reine *melanolophus*. „Vom Gebiet reiner *aemodius*-Phäne zu dem reiner *melanolophus*-Phäne verläuft eine Merkmalsprogression: *aemodius*-Beige der Unterseite zu Rostrot; *aemodius*-Beige der Flanken zu *melanolophus*-Grau“ (l. c.). Das Rostrot der Unterseite schlägt nahezu übergangslos zu *melanolophus*-Grau um (noch nicht für alle Populationen belegt). Alle hybriden Populationen sind voll fortpflanzungsfähig, Ausgangsformen noch ohne verschiedene Niveaus, Hybriden bei Paarbildung wohl nicht unterlegen. Isolierende Mechanismen zwischen Ausgangsformen und Hybriden sind nicht registriert worden. Rostfarbigkeit gilt bei *Periparus* als altes Merkmal, ihr Auftreten bei den Hybriden als atavistisch. Die Gesänge in den hybriden Populationen sind mit denen von *P. a. aemodius* faktisch identisch; die geringen Unterschiede legen nahe, daß die Vögel während des ersten Kontakts von Schopf- und Himalaya-Tannenmeise das Gesangsrepertoire der letzteren gelernt haben.

Die vertikale Verbreitung wird mit 5000—12000 ft. angegeben. HARTERT (1910) vermerkt Brüten zwischen 2000 und 4000 m Höhe. Kashmir-Daten (MEINERTZHAGEN 1927): Im Kashmir-Tal (5000 ft.) im März, auf 9700 ft. in verschneiter Landschaft bei Baltal am 12. April. Beim sommerlichen Gulmarg und im September bis 11000 ft. gesehen. In Nepal sommers zwischen 2200 und 3700 m. Höhe winterlichen Aufenthalts dort nur wenig bekannt (vgl. INSKIPP u. INSKIPP 1985).

Oekologie

Regional häufig und fast überall dominierend unter den übrigen syntop lebenden *Parus*-Arten (*dichrous, monticolus, rubidiventris* u. *rufonuchalis*). BATES und LOWTHER (1952) typisieren das Vögelchen gemütvoll als ebenso zutrauliches wie überaus energisches und rastloses kleines Geschöpf, ob als Teil eines gemischten Trupps aus anderen Meisen, Laubsängern und Baumläufern, der futtersuchend durch die Wälder ziehe, oder ob aufgeregt einen Störenfried am Nestplatz attackierend. „Gerade eben . . . keine Vogelstimme, der Wald wie ausgestorben, kein Leben zwischen düsteren Stämmen . . . und plötzlich ist alles anders: Sonne bricht hervor, im Laubwerk die grünen Kleider von Laubsängern, auf dunkler Borke die ruckartigen Bewegungen der Baumläufer . . . Schopfmeisen hier, da und anderswo, kopfunter an Kiefernzapfen hängend, spähend in Rindenspalten, auf dem Blattwerk, im Unterholz, zuweilen am Boden auf nimmermüder Suche nach Insekten, unablässig ihre heiteren Stimmchen in den allgemeinen Chorus mischend“ (l. c.).

Höhere Nadelwälder (aus Fichten, Kiefern, Zedern) werden bevorzugt, tiefer gelegene (Eichen-) Mischwälder nicht gemieden, gewisse Offenheit der Formationen wird toleriert, in wirklich offenem Parkland ist der Vogel allerdings nicht anzutreffen. Solche Präferenz ist schon durch ältere Quellen gut belegt — STOLICZKA (1868) hebt hervor, daß sich im Sutlej-Tal die „*Lophophanes*-Arten“ sommers vorzugsweise in höher anstehenden Kiefern- und Zedernwäldern aufhielten, während die von *Parus* gewöhnlich an offenen Stellen gesehen wurden, selbst in den Aprikosenbäumen der Gärten.

Von der Südwestperipherie des Areals (Keria-Tal) schildert WARDLAW-RAMSAY (1879) „the hills on all sides are covered from 7000 ft. and upwards with a thick growth of pinewood, the prevailing trees being the deodar (= *Cedrus deodara*: Himalaya-Zeder — K. W.), *Pinus gerardiana* and *Pinus excelsa*“ (= *P. wallichiana*: Tränenkiefer — K. W.). In Nuristan (PALUDAN 1959) ziemlich zahlreich und auf jeder Höhe von der Talsohle bis zur Baumgrenze bei etwa 3000 m erscheinend. Außerhalb des Nadelwaldes ebenso auf dem Talboden wie auf den Bergflanken mit Grasbewuchs, Buschwerk und wenigen solitären Nadelbäumen. Für dieselbe Region treffen LÖHRL und THIELCKE (1969) die vergleichende Feststellung zu *P. melanolophus* und *P. rubidiventris*, daß beide in den bewaldeten Gebirgsteilen, die sich vom östlichen Afghanistan bis nach Kashmir hinziehen, die dort fehlende Tannenmeise ersetzen.

Brutzeit im Mai und Juni. Nest auf Moosgrundlage aus Haaren und Wolle in Baumhöhlen, Steinspalten u. ä., verschieden hoch, meist zwischen 1 und 2,50 m, manchmal 12 und 15 m. Gelegegröße 4—10 Eier, gewöhnlich wohl 5 oder 6. Zu Nest, Eizahl und -färbung siehe bei DAVIDSON (1898), auch BATES and LOWTHER (1952, p. 26 u. 27).

Bei afghanischen Mai-♂♂ fand PALUDAN (1959) die Testes maximal vergrößert; sehr vergrößert die Vesiculae seminales bei in den letzten Mai-Tagen gesammelten Stücken. Bei ♀ vom 9. Mai kleine Follikel, aber Eileiter ziemlich vergrößert. Ein Paar trug am 3. Mai kleine Federn zu einer Nisthöhle in *Quercus*, ein Ex. trug am 25. Mai bei Usman-Khel Futter. Nahe PALUDANS Sammelplatz fanden LÖHRL und THIELCKE (1969) zwischen 2200 und 2400 m Höhlen, in denen am 4. und 7. Juni noch kleine Junge („den schwachen Bettelauten nach zu urteilen“) waren. In einer Höhle waren die Jungen am 2. Juni einen Tag alt. Im Garwhal registrierte LAVKUMAR (1956) Bruthöhlen in knorrigen Eichen auf dem Tungnath-Massiv, Nestjunge im Mai, Altvögel, denen Junge folgten, im Juni. Aus Kashmir erwähnt DAVIDSON (1898) Nest am 24. Mai mit 7 bebrüteten, am 16. Juni mit 6 frischen Eiern. WHITEHEAD (1909) und WHISTLER (1930) berichten von Eiablage und Schlupf bereits Ende April sowie „family parties“ überall um 9000 ft. im Rawal Pindi-Distr. Anfang Juni. WHISTLER (1925) sah selbständige Jungvögel bei Jispar (Lahul) am 28. Juli.

Im o. g. Hybridgebiet stellte MARTENS (1975) ebenfalls frühen Anfang der Brutperiode fest: „Beginn der Eiablage in den unteren Lagen des Hybridgürtels . . . (um 3000 m) etwa Mitte April, ausgedehnt in den höheren Lagen (bis 4000 m) bis Mitte Mai. Im klimatisch benachteiligten Ringmo-Gebiet (Abb. 20) Beginn der Brutzeit nicht nur bei *melanolophus* sehr spät an der Wende Mai/Juni . . .“ (l. c.). Detaill. siehe p. 408, auch 409.

Wanderungen

Stand- und Strichvogel. „Nahrungsökologische Notwendigkeit größerer Wanderungen in das Himalaya-Vorland besteht offensichtlich weder für *aemodius* noch für *melanolophus*. Geringe vertikale Bewegungen genügen, um ungünstiger Witterung und winterlicher Nahrungsverknappung auszuweichen“ (MARTENS 1975). Im Westen (außerhalb von Nepal) kommen Schwarzschopfmeisen von Oktober bis März in die Vorhügel der hochmontanen Züge (bis 600 m) herunter (ALI u. RIPLEY 1973), dort wird bereits von 2000 m an aufwärts gebrütet.

FLEMING et al. (1979) erwähnen Flüge im winterlichen Nepal mit Kopfstärken bis zu 40 Exemplaren. BIDDULPH (1881) konstatierte für Gilgit Vorkommen unterhalb 7000 ft. meist nur im Winter. WHISTLER (1926) betont für den Kangra-Distrikt Bewegung der Art etwa ab Oktober „down the hillsides“, bis März gewöhnlich zwischen 5000 und 7000 ft., einige auch bis 4000 ft. Dieses Abwärtsstreifen variiere von Jahr zu Jahr „doubtless in connection with the severity or otherwise of the season“ (l. c.).

XVI · 1989

Aegithalos niveogularis (Gould)

bearbeitet von

KLAUS WUNDERLICH

FUNDORTLISTE

1. Chitral	B	BATES u. LOWTHER 1952
2. oberhalb Bhimbal (Kaghan-Tal)	Ac	WHITEHEAD 1909, 1914
— Manúr Katta	↓	WHITEHEAD 1914
3. hills W Wular Lake	A	MEINERTZHAGEN 1927
— zw. Nagmarg u. Lolab-Paß	N	BATES u. LOWTHER 1952
4. nahe Tragbal (31. VII.)		OSMASTON 1930
5. Gulmarg	↓ A	BATES u. LOWTHER 1952
— unterhalb von Killenmarg (IX.)		BATES u. LOWTHER 1952
6. bei Gund	A	MEINERTZHAGEN 1927
7. Duala Dhar	A	ALI u. RIPLEY 1983
— Dharmsala	↓ A	WHISTLER 1926
8. Kulu	A	ALI u. RIPLEY 1983
— nahe Paßhöhe Jalouri (Saraj)	AJ	WHISTLER 1926
9. Simla Hills	A	JONES 1919
10. Tehri Garwhal	ABNJ	WHYMPER 1906
11. Painkhanda Malla (Dhauli-Tal)	AJ	OSMASTON 1923
12. nahe Jumla	A	INSKIPP u. INSKIPP 1985
13. Ringmo/Phoksumdo-See	↓ A	FLEMING et al. 1979, MARTENS brfl. 1989
— Gompa/Tarakot	↓ A	MARTENS brfl. 1989

Anmerkungen

Zu (Beipunkt) 2:
Angetroffen als Teil einer „party". Angabe leider undatiert.
Zu P. 5:
Ebenfalls als Bestandteil einer „hunting party" gesehen worden.
Zu (Beipunkt) 7:
Hier im Trupp Anfang Juni in Dickicht von Zwergrhododendren.
Zu 13:
MARTENS' Nachweis vom 24. Mai bezieht sich auf 1 ♂ mit wenig entwickelten Gonaden, das in *Pinus wallichiana*-Dickung, *Berberis*-Unterholz usw. gesehen wurde, „sicher am Brutplatz" (l.c.).

Bei Gompa/Tarakot sind am 13. Mai Altvögel beider Geschlechter auf 3300 m Höhe an *Picea smithiana*-Waldrand gesammelt worden. Ihre Gonaden waren noch relativ wenig ausgebildet. „Dieses ist der wirklich belegte östlichste Fund zur Brutzeit" (l.c.).

LITERATUR

ALI u. RIPLEY 1983	Birds of India and Pakistan. Comp. Ed. Delhi-Oxford-New York. 629—630.
BATES u. LOWTHER 1952	Breeding Birds of Kashmir. London. 29—30.
FLEMING, FLEMING u. BANGDEL 1979	Birds of Nepal. Kathmandu. 280.
INSKIPP u. INSKIPP 1985	Guide to the Birds of Nepal. London-Sydney. 323.
JONES 1919	J. Bombay Nat. Hist. Soc. 26, 603.
MEINERTZHAGEN 1927	Ibis 3 (12), 414.
OSMASTON 1923	J. Bombay Nat. Hist. Soc. 28, 142.
OSMASTON 1930	J. Bombay Nat. Hist. Soc. 34, 133.
VAURIE 1957	Amer. Mus. Novit. 1853, 17—20.
WHISTLER 1926	Ibis 2 (12), 538.
WHITEHEAD 1909	Ibis 3 (9), 713.
WHITEHEAD 1914	J. Bombay Nat. Hist. Soc. 23, 105.
WHYMPER 1906	J. Bombay Nat. Hist. Soc. 17, 817—818

Aegithalos niveogularis (Gould)

Weißkehlschwanzmeise

Zur Verwandtschaft

Monotypische Art, 1855 von GOULD mit type locality „Northern India" beschrieben, die nach VAURIE (1957, p. 20) auf Nord-Pubjab einzuschränken ist.

A. niveogularis, *iouschistos* und *bonvaloti* sind mehr oder weniger miteinander verwandt, gelten jedoch gewöhnlich für verschiedene Arten, wenn auch *iouschistos* und *bonvaloti* von manchen Autoren für konspezifisch gehalten werden. *Niveogularis* und *iouschistos* sind morphologisch am weitesten voneinander entfernt: Auffallende Unterschiede in Größe, Proportionen, Färbung und Farbmustern haben Gedanken an Konspezifität beider nicht aufkommen lassen (siehe detaill. bei VAURIE 1957, p. 17—19). Zudem sind beide geographisch voneinander isoliert (vgl. Karte p. 629 in ALI u. RIPLEY 1983, aber auch die Spezialkarten in INSKIPP u. INSKIPP 1985, p. 322 u. 323). Über Hybridpopulationen, die die vorerst lediglich vermuteten Verwandtschaftsverhältnisse in jenem Komplex aufzuhellen vermöchten, ist bisher nichts bekannt geworden.

Zur Verbreitung

Unser Kartenbild verdeutlicht das Vorkommen in der höheren Waldzone von Chitral im Westen bis an die Schwelle Ostnepals. Die Nachweise auf nepalischem Gebiet bedürfen weiterer Stützung. Der erste (Jumla-) Fund (P. 12) ist Mitte Mai, also inmitten der Brutzeit, gemacht worden.

Vertikal sommers von etwa 2400 m (Kashmir) bis 3600 m (Garwhal) und 3550 m (Nepal). FLEMING et al. (1979) geben für Nepal 3050—3950 m an. Kann im Winter bis auf 1800 m herabkommen.

Spezialkarte der Verbreitung bei INSKIPP und INSKIPP 1985 (Nepal).

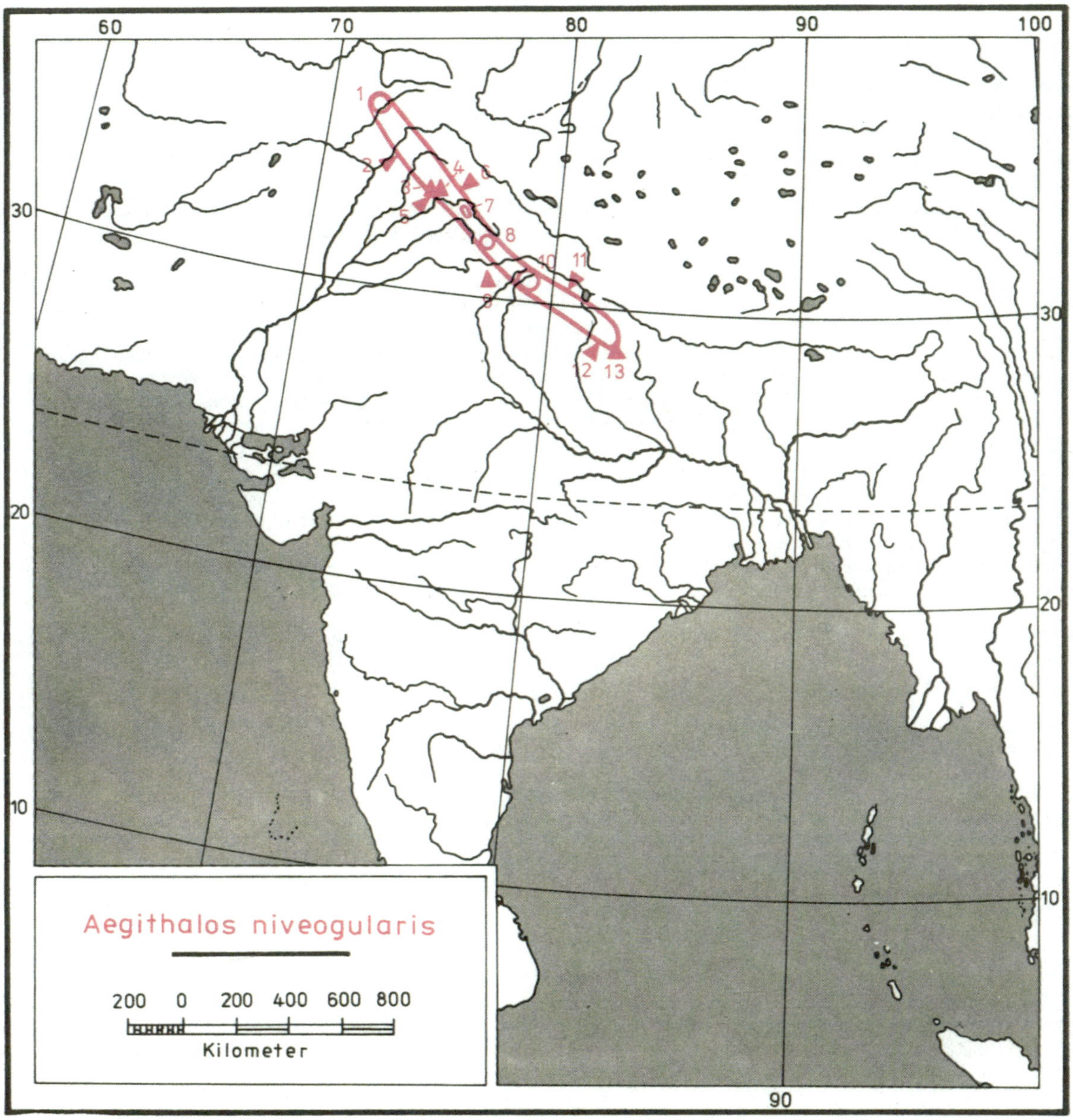

60
70
80
90
100
30
20
10
1
2
3
4
5
6
7
8
9
10
11
12
13
Aegithalos niveogularis
200 0 200 400 600 800
Kilometer

Oekologie

„This exquisite little bird is perhaps the doyen of the group, a gentleman among gentlemen." MEINERTZHAGENS Typisierung des Vögelchens innerhalb der himalayanischen Schwanzmeisen muß die nahezu fehlenden Angaben zur brutzeitlichen Abundanz ersetzen. (Einschlägige Charakterisierung reicht von „gelegentlich" und „ungewöhnlich" bis zu „a member of . . ." und „nicht ungewöhnlich".)

A. niveogularis ist eine Waldmeise, bei der auffällt, daß sie sich überwiegend in Bodennähe bewegt. Es wird hervorgehoben, daß Buschwerk in Laubwald bevorzugt werde, von Birken, Eichen, Wildkirschen. Auch in Mischwald aus Birken und Tannen oder Fichten und Zedern; ebenso in Zwergweiden und -rhododendren an der Baumgrenze

MEINERTZHAGEN (1927) sah gepaarte Stücke (P. 3 u. 6) nicht auf Bäumen, sondern in Brombeergesträuch und wilden Blumenstengeln auf Waldlichtungen. Bei P. 11 begegnete OSMASTON (1923) am 24. Juni eine Familie in Mischwäldern aus *Betula utilis* und *Abies pindrow*.

Zur Brutzeit sondern sich meist Paare aus den kleinen Trupps, die jahraus, jahrein, oft assoziiert mit Laubsängern, Meisen, auch *Alcippe vinipectus*, futtersuchend „energisch" durch Gebüsch und Laubwerk der Bäume streifen.

Brutgeschehen wurde vom Mai bis zum frühen Juli registriert — aber außer wenigen Nestbeschreibungen sind seine Details nahezu unbekannt. Das Nest ist ein ovaler bis birnenförmiger Beutel mit seitlich liegendem, nahe der Spitze befindlichem Einschlupfloch — das Ganze gefertigt aus Moos und Spinnengewebe, mit Flechten drapiert und mit Federn reichlich gefüttert. WHYMPER (1906) fand in Tehri Garwhal zwischen 11000 und 12000 ft. ein Nest in etwa 2 m Höhe in der Astgabel einer Weide und entnahm am 26. Juni 4 frische Eier, weitere bis ungefähr 9 m in Baumzweigen, u. a. von Fichten. Capt. LIVEREY (zit. bei BATES u. LOWTHER 1952) lieferte minutiöse Beschreibung von Nest und -standort im Lolab-Gebiet. Daraus sei kursorisch angeschlossen: „Dem Nest gegenüber, das in den äußersten Spitzen eines Zedernasts war . . . bestand der Bewuchs nur aus zerstreuten Bäumen, Unkraut und Büschen . . . Das Nest befand sich ungefähr 7 Fuß über dem Boden und war gegen den kalten Wind, der über den Bergrücken fegte und unser Bemühen zu fotografieren unterband, exponiert. Unter den Bäumen auf der Lolab-Seite lagen noch große Schneeflecken. Das Nest war ein birnenförmiges flechtenbedecktes Gebilde mit einem kleinen Eingang nahe der Spitze und erinnerte sehr an die Nester britischer Schwanzmeisen, in vielem an dieselbe Größe und Form. Die Altvögel waren überhaupt nicht scheu und kamen aus einem Nest, das ein großes Junges barg, während wir wenige Meter davor standen. Sie näherten sich dennoch vom kompakten Zedernwald (der Westseite — K. W.) her und nicht von den mehr offenen östlichen Abhängen" (l. c.).

Zu Eierfärbung und -maßen vgl. bei WHYMPER (1906), BATES u. LOWTHER (1952), ALI u. RIPLEY (1983). Die Größe des Vollgeleges ist nicht bekannt.

Als Nahrung überwiegen Insekten.

Wanderungen

Wahrscheinlich meist örtlich streifend. Sommers in höheren montanen Waldlagen anzutreffen. Gibt Wetterdruck im Winter vertikal nur wenig nach. Unter 6000 ft. dann noch nicht gefunden worden.

XVI · 1989

Aegithalos leucogenys (Moore)

bearbeitet von

Klaus Wunderlich

FUNDORTLISTE

Fundort		Quelle
1. Juniper forest area zw. Ziarat u. Fort Sandeman	BJ	RATCLIFFE 1915
	B	TICEHURST 1927, ALI u. RIPLEY 1983
2. Umgebung von Peiwar (oberes Kurram-Tal)	BNJc	MAGRATH 1909
— on the Peiwar spur	B	WHISTLER 1944
3. Safed Koh	A	MAGRATH 1909, VAURIE 1959
4. above Balu-Chughur (Kunar-Tal, NE Jalalabad) = Bharowal above Bala Chaquar Serai	A	HARTERT 1921—22, WHISTLER 1944, VAURIE 1959
5. zw. Barikot u. Kamu	A	VIELLIARD 1969
— Kamdesh	A	VIELLIARD 1969
6. bei Gusalek (Pech-Parun-Tal)	A	PALUDAN 1959
— bei Wama (Pech-Parun-Tal)	A	PALUDAN 1959
— nahe Pashki	BNJ	LÖHRL u. THIELCKE 1969
— um Stiewe	A	PALUDAN 1959
7. Täler von Lower Chitral	AJ	FULTON 1904
	Bc	MAGRATH 1909
8. bei Samana	ABJ	MAGRATH 1909
9. Attock	A	ALI u. RIPLEY 1983
10. Hazara-Distr.	A	PAYNTER Jr. 1962
11. 15 miles above Gilgit	AJ	BIDDULPH 1881
— zw. Bargo u. Singal	B	SCULLY 1881
12. Vale of Kashmir und oberhalb	B	FLEMING et al. 1979
13. bei Kangan (N Srinagar)	A	MEINERTZHAGEN 1927, ALI u. RIPLEY 1983
14. Baltistan	B	VAURIE 1959
15. Garwhal	B	VAURIE 1959

LITERATUR

ALI u. RIPLEY 1983 — Birds of India and Pakistan. Comp. Ed., Delhi-Oxford-New York. (9), 203—204.
BIDDULPH 1881 — Ibis 5 (4), 71—72.
FLEMING, FLEMING u. BANGDEL 1979 — Birds of Nepal. Kathmandu. 335.
FLEMING, FLEMING u. BANGDEL 1984 — Birds of Nepal. Kathmandu. 327.
FULTON 1904 — J. Bombay Nat. Hist. Soc. 16, 46.
HARTERT 1921—22 — Vögel paläarkt. Fauna. Berlin. 3. 2123.
LÖHRL u. THIELCKE 1969 — Bonner zool. Beiträge 20, 92—93.
MAGRATH 1909 — Ibis 3 (9), 93, 107—108.
MEINERTZHAGEN 1927 — Ibis 3 (12), 414.
PALUDAN 1959 — Dansk Naturhist. Foren. København 122, 248—249.
PAYNTER Jr. 1962 — J. Bombay Nat. Hist. Soc. 59, 954.
RATCLIFFE 1915 — J. Bombay Nat. Hist. Soc. 23, 746.
SCULLY 1881 — Stray Feathers 10, 123.
TICEHURST 1926 — J. Bombay Nat. Hist. Soc. 30, 7.
TICEHURST 1927 — J. Bombay Nat. Hist. Soc. 31, 867.
VAURIE 1959 — Birds palearctic Fauna. Passerif. London. 471.
VIELLIARD 1969 — Alauda 37, 292.
WHITEHEAD 1907 — J. Bombay Nat. Hist. Soc. 18, 191—192.
WHISTLER 1944 — J. Bombay Nat. Hist. Soc. 33, 516.

Aegithalos leucogenys (Moore)

Weißwangenschwanzmeise

Zur Verbreitung

Wohl monotypisch. Das Typus-Exemplar stammt aus den „woods of Balu Chughur" am Kunar, NE Jalalabad. TICEHURST (1926) schienen „Baluchi birds" (P. 1) insgesamt grauer und blasser — oberseits nicht so grau-oliv und mit fahleren Kappen als Stücke von Gilgit. Versuche, subspezifisch zu sondern, sind unseres Wissens nicht gemacht worden.

Nach LÖHRL und THIELCKE (1969) steht die Art offenkundig dem indisch-südchinesischen Gattungsgenossen *A. concinuus* außerordentlich nahe. Beim Vergleich mit *A. caudatus* fallen raschere Art sich zu bewegen auf sowie weitaus geringere Neigung, in Hängelage Nahrung zu suchen. Erstaunen ließ auch die geradezu ungestüme Art, mit der in Nordostafghanistan (Nuristan) der Schwarzkehlhäher (*Garrulus lanceolatus*) verfolgt wird, der dort vermutlich Nesträuber ist (l. c.).

Das Vorkommen ist erst lückenhaft bekannt. Die vermeintliche Exklave Ziarat im Südwesten dürfte, obwohl (vgl. unsere Karte) vom nächsten Fundort im oberen Kuram-Tal über 400 km entfernt, dennoch durch bisher unentdeckt gebliebene Ansiedlungen der Art mehr oder minder kontinuierlich mit jenem verbunden sein. Obwohl auch Status und Habitatansprüche des lebhaften Vögelchens noch unzureichend aufgeklärt sind, darf der Schluß gewagt werden, daß das bewegte Relief mit entsprechender Holzpflanzendecke auch Mittelostafghanistans und der mittelwestpakistanischen Grenzgebiete ihm passende Lebensräume eröffnet. Insofern ist Rundung des Areals per Grenzziehung gegeben, wenn sich auch dessen Abschluß im Osten — vorläufig — auf die etwas pauschale Angabe des P. 15 stützen muß.

Um das Areal allgemein zu charakterisieren: Es beschreibt einen weiten Bogen von relativ geringer Tiefe von Nord-Baluchistan (Pakistan) über Nordostafghanistan, Chitral, Gilgit, Baltistan bis zum Nordwesten Nepals; FLEMING et al. (1984) verzeichnen dort

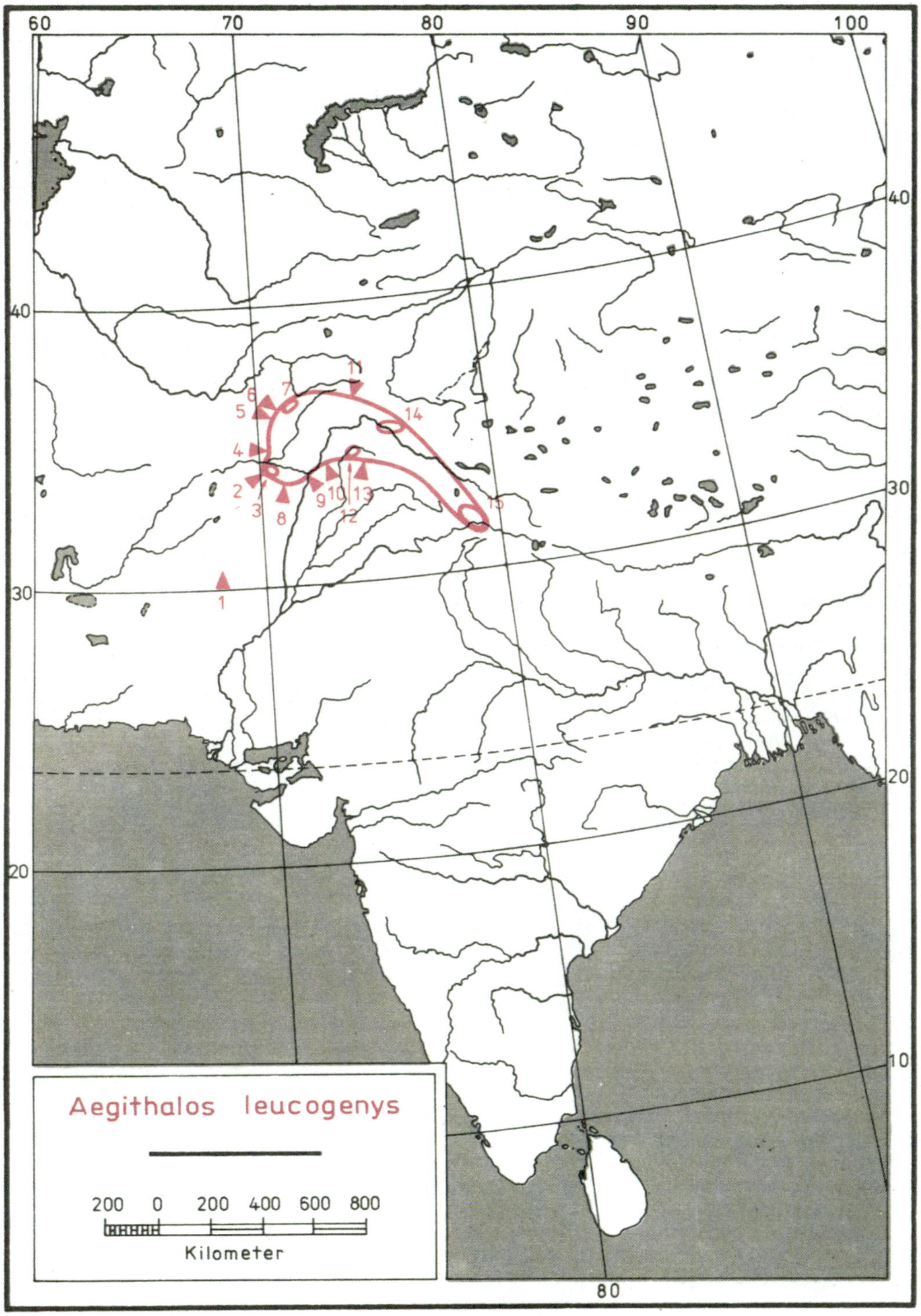

Aegithalos leucogenys
200 0 200 400 600 800
Kilometer

den Chankeli Lekh (Mugu-Distr.) als neuen Fundort, leider undatiert (noch nicht auf unserer Karte). Das Ostareal ist allerdings wenig präzis belegt — ALI und RIPLEY (1983) zufolge reicht es nur bis Kashmir —, insofern ist Eruieren im Felde an dieser Peripherie der Verbreitung sehr erwünscht.

Angaben zur vertikalen Verbreitung: Bei Ziarat auf 8500 ft., im oberen Kurram-Tal (nahe Peiwar) zwischen 6000 und 8000 ft. (WHITEHEAD 1907), in Nuristan von 1650—2600 m (PALUDAN 1959), in Chitral bei 6000 und 12000 ft. (FULTON 1904), Gilgit 5500—7000 ft. (SCULLY 1881), Kashmir 1525—3660 m (FLEMING et al. 1979).

Als lokale Grenze winterlichen Abwärtsstreifens wurden 450 m (Attock) festgestellt (ALI u. RIPLEY 1983).

Oekologie

Im Pech-Parun-Tal Zentralnuristans, wo PALUDAN eine topotypische Serie sammelte, in Paaren und kleinen Flügen in Eichenwäldern angetroffen worden, wenige Male auch in Mandelbüschen über dem Eichenwald bei 2000 m. Noch höher in Nadelwald und Laubgebüsch um Pashki (2300 m) und Stiewe (2600 m). ALI und RIPLEY (1983) generalisieren die Habitatpräferenz dahin, daß Gebüsch in Wäldern bevorzugt werde, *Ilex*-Busch, Tamariskenbuschwerk an Wasserläufen und Wacholderwald. TICEHURST (1926) fand *A. leucogenys* im herbstlichen „juniper forest" zwischen Ziarat und Fort Sandeman zahlenmäßig dominierend, in Flügen von 8—12, manchmal vergesellschaftet mit anderen Meisen und Baumläufern.

Wohl ständiges Eingebundensein in streifende Trupps wird von brütenden Stücken offensichtlich nur kurzzeitig aufgegeben. Die Fortpflanzungsperiode beginnt früh im Jahr. Gonaden nuristanischer Märzvögel erwiesen sich als inaktiv, bei einem ♂ vom 11. April waren sie maximal vergrößert. Am 31. März und 22. April wurden ebendort zum Nestbau Federn sammelnde Vögel gesehen, am 25. April ein Nest mit Fünfergelege gefunden. In der gleichen Gegend sind am 1. Juni Familien mit ausgeflogenen Jungen registriert worden, am 4. Juni trafen LÖHRL und THIELCKE (1969) weitere Jungvögel in 2400 m Höhe an. „Daneben gab es alle Stadien der Brutentwicklung, laufend auch noch bauende Paare. Am 7. VI. war ein Nest soeben im Rohbau fertig und abgeschlossen; etwa 10 m von einem bauenden Paar entfernt befanden sich völlig unbehelligt zwei weitere *A. leucogenys*, die nicht beachtet wurden, worauf beide Paare gemeinsam fortflogen. Auch in dieser Beziehung scheinen sich diese Schwanzmeisen ähnlich zu verhalten wie unsere" (l. c.). Im oberen Kurram-Tal enthielten ein Nest am 1. Mai voll befiederte Junge, wenige Tage darauf entdeckte Nester sämtlich Jungvögel, lediglich eines noch Eier (WHITEHEAD 1907). RATCLIFFE (1915) sah einige junge Stücke in „nesting plumage" bei Ziarat im Juni und Juli, SCULLY (1884) fand in Gilgit Junge Mitte Mai ausgeflogen.

WHITEHEAD (1907), MAGRATH (1909) und PALUDAN (1959) haben anschauliche Nestbeschreibungen geliefert, vgl. auch mit ALI und RIPLEY (1983). Danach baut die Art typische ovale Schwanzmeisennester, allerdings kleinere und weniger kompakt gefügte. Sie werden meist in Buschwipfel von *Ilex*, *Quercus*, *Juniperus* u. a., zwischen 1 und 3 m hoch, plaziert und quasi in der Rinde verborgen, bestehen aus Moos, trockenen Grashalmen, sind mit Spinnweben und Haaren verfestigt, innen dick mit Federn gepolstert. Maße: etwa 11 · 8 cm mit seitlichem Einschlupf von 2,50—2,75 cm Durchmesser gewöhnlich nahe der Spitze. „Wie so eine winzige Heimstatt eine große befiederte Familie mit einem Elter aufnehmen kann, ist schwer vorstellbar" (WHITEHEAD 1907). 5—8 reinweiße EIER, manchmal mit einer wenig deutlichen Zone rosaroter Fleckchen um das stumpfe Ende. Eimaße: etwa 14,70 · 9,9 mm.

Die Nahrung besteht überwiegend aus Insekten, deren Eiern und Larven.

Wanderungen

Stand- und Strichvogel, der saisonalen Witterungsunbilden und folgender Nahrungsverknappung in höheren Lagen vorübergehend vertikal abwärts gerichtet ausweicht. TICEHURST (1926) hob für das Ziarat-Vorkommen hervor, daß der Winterkälte in diesen Höhen anscheinend widerstanden werde, da die Art in niedriger gelegenen Tälern nicht beobachtet worden ist.

XVI · 1989

Phylloscopus fuscatus (Blyth)

bearbeitet von

Wladimir M. Chrabryj, Wladimir M. Loskot
und Erika v. Vietinghoff-Scheel

FUNDORTLISTE

Nr.	Fundort		Quelle
1.	Oberlauf d. Karakaba	B	Kowscharj u. Korelow 1972
—	zw. Tschingistaj u. Markakol	N	Kowscharj u. Korelow 1972
2.	Fluß Buchtarma am Zusammenfluß mit d. Tschernowaja	B	Kowscharj u. Korelow 1972
—	Rachmanowskije-Quellen	B	Kowscharj u. Korelow 1972
3.	Iwanowskij-Gebirge: 20 km E Leninogorsk Oberlauf d. Tschernaja Uda Oberlauf d. Bjelaja Uda	B	Stscherbakow (brfl. 1987)
4.	Umgebung Barnaul	B	Welishanin 1929
5.	Umgebung Nowosibirsk	B(?)s	Johansen 1954
—	Kolywanj	A	Kastschenko 1898
6.	Baktschar	A	Moskwitin 1968
7.	Am Ob, 80 km S Kolpaschewo	A	Pantelejew 1972
8.	Unterlauf d. Wasjugan	A	Chachlow 1937
9.	Alinskoje	A	Rogatschewa et al. 1978
10.	Mittellauf d. Unteren Tunguska	B	Tkatschenko 1937
11.	Lena-Tal N Jakutsk	B	Iwanow 1929
—	Fluß Kenkeme (70 km W Jakutsk)	A	Worobjow 1963
12.	Mittellauf d. Detrim	B	Kistschinskij 1968
13.	Omsuktschan (31. V.)	A	Kistschinskij 1968
14.	Unterlauf d. Stschutschja	B	Portenko 1939, Kistschinskij et al. 1983
15.	Fluß Kantschalan	NJ	Kistschinskij et al. 1983
16.	Ugolnaja-Bucht	Bc	Kistschinskij 1980
17.	Unterlauf d. Chatyrka	Bc	Kistschinskij 1980
18.	Unterlauf d. Apuka	Bc	Kistschinskij 1980
19.	Tilitschiki	Bc	Kistschinskij 1980
—	Korf	Bc	Kistschinskij 1980
20.	Geka-Bucht	BNc	Firsowa u. Lewada 1982
21.	Ossora	A	Coll. Zool. Inst. Leningrad
—	Karagi-Bucht	N	Lobkow (brfl. 1987)
22.	Bolschaja Tschashma-Mündung	B	Lobkow 1978
23.	Unterlauf d. Belogolowaja	B	Lobkow (brfl. 1987)
24.	Unterlauf d. Tigel	N	Lobkow (brfl. 1987)
25.	Unterlauf d. Palana	B	Lobkow (brfl. 1987)
26.	Unterlauf d. Talowka	B	Jachontow 1979, Lobkow 1983
—	Oberlauf d. Bjelaja	B	Lobkow 1983
27.	Gichiga	A	Allen 1905
28.	Ulugan	B	Kistschinskij 1968
29.	Babuschkin-Bucht	B	Kistschinskij 1968
30.	Umgebung Magadan	B	Wasjkowskij 1956, Kistschinskij 1968
31.	Umgebung Ochotsk	B	Kuzjakin u. Wtorow 1963
32.	Ajan	B	Kuzjakin u. Wtorow 1963
33.	Udskoje	A	Coll. Zool. Inst. Leningrad
34.	Berg Orel	B	Babenko 1984
35.	Umgebung Nikolajewsk-na-Amure	A	Schrenck 1860
		B	Stachanov 1935
—	Mago	BcN	Kistjakowskij u. Smogorshewskij 1973
—	See Orel	B	Stachanov 1935, Babenko 1984, Babenko u. Pojarkow 1984
—	See Tschlja (= Tchla)	B	Stachanov 1935
36.	Sawinsk	N	Kistjakowski u. Smogorshewskij 1973
37.	Bai-de-Castries (= De-Kastri)	A	Schrenck 1860, Tscherskij 1915, Coll. Zool. Inst. Leningrad
—	See Kizi	A	Coll. Zool. Inst. Leningrad
38.	Ulunga	B	Pukinskij (brfl. 1987)
39.	Sichote-Alin-Naturschutzgebiet: Krummholzbestand der Bergbirken	Bc	Kuleschowa 1976
	Zirbelkiefer-Strauchzone	B	Rachilin 1965, Elsukow 1982
40.	Berg Oblatschnaja	B	Nazarenko 1971 a, b
—	Berg Sestra	B	Nazarenko 1971 a, b
—	Berg Tuanisuan	B	Nazarenko 1971 a, b
41.	Umgebung Arsenjew	Bc	Nazarenko 1971 b
—	Bussewka	B	Johansen 1927
—	Tatjanowka	B	Johansen 1927
42.	Mulin ↓	A	Meise 1934
43.	Kleiner Chingan: Liangshuikou	B	Piechocki 1959
44.	Kenho-Fluß	Ac	Piechocki 1959
—	Khingan-Gebirge	A	Ingram 1909
45.	Ort Khingan	BcN	Yamashina 1939
46.	Tereldsh	B	Mauersberger 1980
47.	Sangin	Bc	Kozlowa 1930
48.	Urd-Tamir-gol	A	Piechocki u. Bolod 1972
49.	Cholt	Bc	Kozlowa 1930
50.	Ikhe-bogdo	Bc	Kozlowa 1933
51.	Unterlauf d. Eczin-gol	Bc	Kozlowa 1930
52.	Bun-cagan-nur	A	Piechocki u. Bolod 1972
53.	Tosoncengel	J	Piechocki u. Bolod 1972
54.	Ukokj	J	Bianchi 1907
55.	Schantar-Inseln	Bc	Dulkejt u. Schulpin 1937
56.	Ljugi	A	Coll. Zool. Mus. Mosk. Univ.
57.	Pogili	A	Tscherskij 1915
58.	Zentr. Sachalin-Naturschutzgebiet: Mobaj	A	Coll. Zool. Mus. Mosk. Univ.
59.	Umgebung Poronajsk ↓	A	Yamashina 1927
60.	Troickoje-See	B	Gizenko 1955
61.	Nowo-Aleksandrowsk	B	Gizenko 1955
62.	Umgebung Korsakow	A	Coll. Zool. Mus. Mosk. Univ.
63.	NW Rupina La, Tabruk Kharka (Manaslu-Massiv)	AJ	Martens (brfl. 1987)
—	zw. Gapte Care u. Gosainkund	A	Inskipp u. Inskipp 1985
64.	Tangu	A	Schäfer (unveröffentl.)
65.	Narim Thang	Ac	Ludlow u. Kinnear 1937
66.	Bombi La	A	Ticehurst 1937, Ludlow u. Kinnear 1944
67.	Langong Chu	A	Ludlow u. Kinnear 1944
68.	Poda	A	Ludlow u. Kinnear 1944
69.	W Wei-hsi	A	Greenway 1933
—	Tao-mung-chung	A	Greenway 1933
70.	Dschiesongea (Tatsienlu)	A	Stresemann 1923

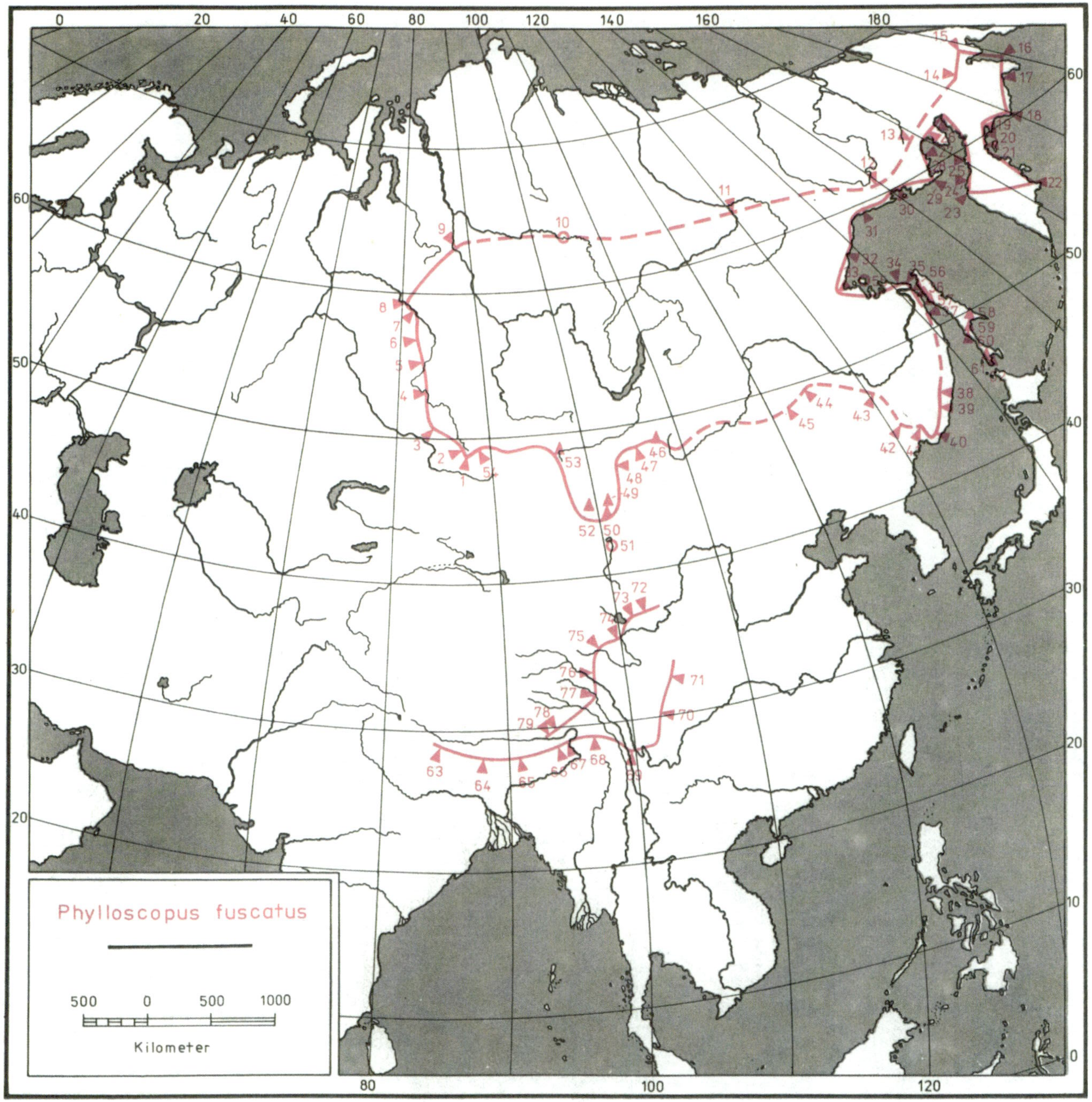
Phylloscopus fuscatus
500 0 500 1000
Kilometer

71. Sungpan	A	Stresemann 1923
— Süeschan-Paß	A	Stresemann 1923
72. Kimar	BcN	Stresemann et al. 1937
— Lau-hu-kou	Bc	Stresemann et al. 1937
73. Hung-ho-siae	Bc	Stresemann et al. 1937
— Sin-tien-pu	AaN	Stresemann et al. 1937
74. Sjan-si-bei-Gebirge	B(?)	Pleske 1890
75. Amnen-kor	A	Bianchi 1907
76. Drechu Gomba	B	Schäfer u. Meyer de Schauensee 1939
77. Dza-tschju	A	Bianchi 1907
— Tschokj-tschju	A	Bianchi 1907
78. Nambu La	A	Ludlow u. Kinnear 1944
79. Mira La	A	Ludlow u. Kinnear 1944

Anmerkung

Zu P. 42: Neueste Beobachtungen aus dem Naturschutzgebiet „Liang-Shui" N Harbin liegen von Deppe (1985) vor.
Zu P. 59: Statt Poronajsk neu: Kotikowo (144°13′E/49°8′N).

LITERATUR

Ali 1962 — Birds Sikkim. London. 226.
Allen 1905 — Bull. Amer. Mus. Nat. Hist. 21, Art. 13, 256.
Babenko 1984 — Ornitologija 19, 172.
Babenko u. Pojarkow 1984 — Nautschn. dokl. wys. schkoly. Biol. nauki 12, 36.
Bangs 1921 — Bull. Amer. Mus. Nat. Hist. 44/20, 593.
Bianchi 1907 — Aves Exped. Kozlowi Mongol., Tibet Orient. St.-Petersb. 64.
Chachlow 1937 — Utsch. zap. Permsk. ped. inst. 1, 212.
Deppe 1985 — Vogelwelt 106, 105.
Dubois 1987 — Alauda 55, 349.
Dubois 1988 — Alauda 56, 314.
Dulkejt u. Schulpin 1937 — Trudy biol. nautschn. issl. inst. 4, 134.
Elsukow 1982 — Pticy rastit. i shiw. mir Sichote-Alinsk. zapow. Moskwa. 212.
Firsowa u. Lewada 1982 — Ornitologija 17, 116.
Fleming u. Traylor 1968 — Fieldiana: Zool. 53/3, 181.
Fu 1937 — Ois. Ho-Nan. Langres. 117—118.
Gizenko 1955 — Pticy Sachalinsk. obl. Moskwa. 274.
Gore u. Won 1971 — Birds Korea. Seoul. 349.
Greenway 1933 — Bull. Mus. Comp. Zool. Harvard 74/5, 145.
Hartert 1910 — Vögel paläarkt. Fauna. Berlin. 1, 528.
Hartlaub 1892 — Abh. nat. wiss. Ver. Bremen 12, 310.
Hachisuka u. Udagawa 1951 — Quart. J. Taiwan Mus. 4/1 u. 2, 42.
Hergott u. Eck 1988 — Faun. Abh. Mus. Tierk. Dresden 16/4, 35—36.
Ingram 1909 — Ibis (9) 3, 428—429.
Inskipp u. Inskipp 1985 — Guide Birds Nepal. London-Sydney. 283.
Iwanow 1929 — Pticy Jakutsk. okruga. 112.
Jabouille 1935 — L'Ois. 1—2, 46.
Jachontow 1979 — Pticy Sew.-Wost. Azii. Wladiwostok. 157.
Johansen 1927 — Uragus 3, 19.
Johansen 1954 — J. Orn. 95, 83.
Kastschenko 1898 — Izw. Tomsk. Uniw. 16, 78.
King, Woodcock u. Dickinson 1980 — Field Guide Birds SE Asia. London. 946.
Kistjakowskij u. Smogorshewskij 1973 — Wopr. geogr. Daln. Wost. 11, 214—215.
Kistschinskij 1968 — Pticy Kolymsk. nagorja. Moskwa. 128.
Kistschinskij 1980 — Pticy Korjaksk. nagorja. Moskwa. 2, 247—251.
Kistschinskij, Tomkowitsch u. Flint 1983 — Trudy Zool. muz. Mosk. Uniw. 21, 63—64.
Kowscharj u. Korelow 1972 — Pticy Kazachstana. Alma-Ata. 4, 49—51.
Kozlowa 1930 — Pticy Zabajkalja, Sew. Mongolii i centr. Gobi. Leningrad. 241—242.
Kozlowa 1933 — Ibis (13) 3, 311—312.
Kuleschowa 1976 — Ornitologija 12, 40.
Kuzjakin u. Wtorow 1963 — Ornitologija 6, 185.
Lobkow 1978 — Sborn. Trud. Zoomus. Mosk. Uniw. 17, 66.
Ludlow u. Kinnear 1937 — Ibis (14) 1, 286.
Ludlow u. Kinnear 1944 — Ibis 86, 198—200.
Mauersberger 1980 — Mitt. Zool. Mus. Berlin 56, Suppl.: Ann. Orn. 4, 127.
Meinertzhagen 1927 — Ibis (12) 3, 420.
Meise 1934 — Abh. Ber. Mus. Tierk. Völkerk. Dresden 18/2, 38.
Moskwitin 1968 — Ornitologija 9, 361.
Naumow u. Kizlenko 1963 — Ornitologija 6, 146—152.
Nazarenko 1971a — Trudy zapow „Kedrowaja padj" 2, 106.
Nazarenko 1971b — Trudy biol. potschw. inst., n. s., 6, 175—176.
Pantelejew 1972 — Ornitologija 10, 161—172.
Piechocki 1959 — Abh. Ber. Mus. Tierk. Dresden 24, 150.
Piechocki u. Bolod 1972 — Mitt. Zool. Mus. Berlin 48, 105.
Pleske 1890 — Wiss. Res. Przewalski Centr. Asien. St.-Petersb. 115.
Portenko 1939 — Fauna Inadyr Region. Birds. Leningrad. 1, 113—115.
Portenko 1960 — Pticy SSSR. Moskwa-Leningrad. 4, 37—78.
Pyle, DeSante, Boekelheide u. Henderson 1983 — Auk 100, 995.
Rachilin 1965 — Nowosti orn. Alma-Ata. 317.
Ripley 1950 — J. Bombay Nat. Hist. Soc. 49, 400.
Rogatschewa, Syrojetschkowskij, Burskij et al. 1978 — Ochr. Fauny krajn. Sew. racion. ispol. Moskwa 126.
Rogers 1987 — Brit. Birds 80, 562.
Rothschild 1925 — Novit. Zool. 32, 304.
Schäfer u. Meyer de Schauensee 1939 — Proc. Acad. Nat. Sci. Philadelphia 40, 232.
Schrenck 1860 — Vögel des Amur-Landes. St.-Petersb. 1, 363.
Sharpe 1891 — Sec. Yarkand Miss. Aves. London. 78.
Smythies 1952 — Birds Burma. Edinb.-London. 198.
Stachanov 1935 — Alauda 4, 472.
Stepanjan 1978 — Sostaw i raspred. ptic fauny SSSR. Passeriformes. Moskwa. 163.
Stresemann 1923 — Abh. Ber. Mus. Tierk. Völkerk. Dresden 16/2, 16.
Stresemann, Meise u. Schönwetter 1937 — J. Orn. 85, 533—534.
Sushkin 1938 — Birds Soviet Altai. Moscow-Leningrad. 2, 160—163.
Ticehurst 1937 — Bull. Brit. Orn. Cl. 57, 109—110.
Ticehurst 1938 — Genus Phylloscopus. London. 81.
Tkatschenko 1937 — Izw. Ob. iz. Wost. Sib. obl. 2 (57), 161.
Tscherskij 1915 — Zap. Ob. iz. Amursk. kraja 15, 117.
Tugarinow 1932 — Trudy Mongol. Kom. 1, 34.
Wasjkowski 1956 — Zool. Sh. 35, 1054.
Watson 1986 — Check-List Birds of the World. Cambridge/Mass. 11, 234.
Welishanin 1929 — Spisok ptic Barnaulsk. okruga (Tabelle).
Wilder u. Hubbard 1924 — J. North China Branch Asiat. Soc. 55, 189.
Williams u. Delany 1986 — Oriental Bird Cl. 3, 13.

WILLIAMSON 1962 Phylloscopus-Identif. Ringers 2 (Brit. Trust Orn.).
WOLTERS 1980 Die Vogelarten der Erde. Hamburg-Berlin. 364.
WOROBJOW 1963 Pticy Jakutii. Moskwa. 227.
WOSCHITZ 1974 Egretta 17, 1.
YAMASHINA 1927 Bull. Orn. Soc. Japan 5/24, 358.
YAMASHINA 1939 Tori 10, 493.

Briefliche Auskünfte erteilten: MARTENS (Nepal), LOBKOW, PUKINSKIJ, STSCHERBAKOW (UdSSR).

Phylloscopus fuscatus (Blyth)

Dunkellaubsänger

Verwandtschaft und Verbreitung

Gewöhnlich reiht man die Gruppe der dunklen Laubsänger (6—7 Arten) in die weit gefaßte Gattung *Phylloscopus* ein. Auf Grund etlicher wesentlicher morphologischer, akustischer und ethologischer Besonderheiten sahen sich einige Systematiker (PORTENKO 1960, WOLTERS 1980) veranlaßt, sie in eine selbständige Gattung *Oreopneuste* Swinhoe abzusondern. Die optimale Lösung des Problems glaubt STEPANJAN (1978) gefunden zu haben, indem er diesem Taxon den Rang einer Untergattung gibt (zitiert nach LOSKOT u. CHRABRYJ).

Phylloscopus fuscatus ist eine polytypische Art: *Ph. f. fuscatus* (Blyth) erscheint als räumlich isoliert und morphologisch klar abgesonderte Unterart im Norden des Areals, während *Ph. f. weigoldi* Stresemann vom nördlichen Szechuan bis zum nördlichen Yünnan, *Ph. f. tibetanus* Ticehurst im südwestlichen Sikang und *Ph. f. fuligiventer* Hodgson bis Nepal vorkommen.

Für die Artselbständigkeit von *Ph. fuligiventer* (*Ph. fuligiventer fuligiventer* (Hodgson) und *Ph. fuligiventer tibetanus* Ticehurst) plädieren allerdings HARTERT (1910), TICEHURST (1938) = *Ph. tibetanus*, WILLIAMSON (1962), WATSON (1986) und auch LOSKOT.

Oekologie

Nach seiner Genese ist *Phylloscopus fuscatus* ein Gebirgsvogel; das Brüten in den Ebenen wird als Sekundärerscheinung gerechnet. Er bevorzugt dichte Gebüsche, besonders an Zuflüssen gelegen; in den Gebirgen des südlichen Sibiriens und des Fernen Ostens besiedeln die Laubsänger oft die subalpine Zone, die hauptsächlich mit Krüppelholz aus *Pinus pumila* bewachsen ist. Gern brüten die Vögel auch im Gestrüppstreifen lichter heller Wälder, z. B. in Birkenwäldern. In der dunklen Nadelwaldtaiga siedeln sie nur an den Rändern, auf Waldlichtungen und Einschlägen.

Die mosaikhaften Vorkommen der Strauchvegetation bestimmen im allgemeinen den sporadischen Charakter der Verbreitung sehr wesentlich. Ein beträchtlicher Teil der nördlichen und einige Abschnitte der östlichen Grenze (Anadyr-Gebiet, Sichote-Alin) sind noch nicht völlig geklärt.

Für die Mongolei bezeichnete KOZLOWA (1933) den Dunkellaubsänger als einen der häufigsten Vögel, der im Norden und in der Zentral-Gobi brütet. Er ist dort sowohl im Gebüsch an Flußtälern als auch an Berghängen heimisch, fühlt sich aber auch auf den ariden Berggegenden und aufgeforsteten Flächen vertraut. Im Kentei wurde er sehr zahlreich im Zwergweidengebüsch der subalpinen Zone, im Iche-bogdo in *Caragana*-Büschen beobachtet. MAUERSBERGER (mdl.) fand ihn zur Brutzeit relativ zahlreich in mit Weiden durchsetzten Strauchbirkenmooren der Täler und Senken des Südwest-Chentej (= Kentei).

Anfang bis Mitte Mai nehmen die Vögel in der Umgebung des Kukunor ihre Brutreviere ein, die sie im Gesträuch an feuchten Orten auf der Sohle von Schluchten, die reichlich bewachsen sind, auswählen. Brütende Exemplare entdeckte BEICK (STRESEMANN et al. 1937) bei Kimar im Wacholderwald, der stark mit Buschwerk durchsetzt war, und im jungen Fichtenbestand mit viel Strauchwerk. BEICK bemerkte, daß *fuscatus* ein ganz hervorragender Sänger sei, in dessen Lied der Schlag der Nachtigall vorkäme, nur daß er weniger laut und weich sei. Demzufolge könnte man ihn auch „Nachtigall-Laubvogel" taufen wegen des Gesanges!

Nach WEIGOLDS Beobachtungen (STRESEMANN 1923) im Gebiet von Sungpan hielt sich *Ph. fuscatus* zur Brutzeit in Höhen von ca. 2900—3600 m auf, und er schloß, daß die Brut nur in Hochlagen mit kontinental-paläarktischem Gepräge stattfindet. Er sah die Vögel häufig in Reisigzäunen und im niedrigen Gebüsch offener Berglehnen. Selbst in Höhen von 3700—4000 m und höher wurden noch Exemplare gesichtet, die sich dort ausschließlich in Knieholzfeldern aufhielten.

Ph. f. fuligiventer scheint offenere Plätze als die meisten Laubsänger zu bevorzugen und ist in Bhutan im Gebiet Narim Thang zwischen Felsen und Gestein in oder über der Rhododendren-Strauchzone zu finden (LUDLOW u. KINNEAR 1937).

Der bis dato am westlichsten bekannte Fundort liegt im Manaslu-Massiv, nordwestlich Rupina La in 4000 m Höhe, wo MARTENS (brfl. 1987) am 8. 8. 1983 ein flügge Junge fütterndes Exemplar beobachtete: „Biotop: wenig genutzte Almen mit reich entwickelter Gras- und Staudenflur, vereinzelt Zwergrhododendron. An dieser Stelle wurden weitere 2—3 führende Paare gesehen".

Im nordöstlichen Altai erscheinen die Laubsänger sehr spät am Brutplatz; man fand zwar bereits am 16. 5. ein Nest mit Jungen bei Chariga, jedoch auch noch eine Brut am 22. 7. an der Oberen Tschalschkara (SUSHKIN 1938). — In Kazachstan, wo sie als typische Hochgebirgsvögel bei 2000 m leben, werden die Nester im Zwergbirkengestrüpp und niedrigem Weidengehölz gebaut. Sie sind kugelförmig mit seitlicher Flugöffnung. Die Konstruktion ist relativ locker und aus trockenen Stengeln von Gräsern zusammengefügt. Die reichliche Auspolsterung eines Nestes bestand ausschließlich aus Federn des Schneehuhns (KOWSCHARJ u. KORELOW 1972). Das Gelege enthält 5—6 weiße Eier (NAUMOW u. KIZLENKO 1963).

Wanderungen

Der Herbstzug führt durch die Mongolei, die Mandshurei (TUGARINOW 1932, MEISE 1934), Korea (GORE u. WON 1971) und die meisten Provinzen Chinas, u. a. durch Ho-Nan (FU 1937), die Chihli-Provinz (WILDER u. HUBBARD 1924) in die Winterquartiere, die sich vom Yangtse-Tal südlich bis Yünnan, Tengyueh im Dezember (ROTHSCHILD 1925), Yuan-chiang-Chou 27. 1. (BANGS 1921), durch Burma südlich bis Tavony (SMYTHIES 1953) erstrecken. Auch Nachweise von den Andamanen liegen vor (KING, WOODCOCK u. DICKINSON 1980). Ein Teil verweilt auf Hainan (HARTLAUB 1892) und Taiwan (HACHISUKA u. UDAGAWA 1951), während ein anderer bis in die Umgebung von Kouang-tscheou (Februar bis April; JABOUILLE 1935) vorstößt. 2 Exempl. von Kuala Selangor (Malay. Halbinsel) vom 27. 11. waren eventuell Überwinterer (Orient. Bird Club 1/1985). Zug- bzw. Winterbeobachtungen aus dem Nordwest-Himalaya, Umgebung Leh, geben WILLIAMS u. DELANY (1986), aus Sikkim vom 28. 12. MEINERTZHAGEN (1927), LUDLOW u. KINNEAR (1937) aus Gyantse im September bekannt. RIPLEY (1950) nennt für Nepal Beobachtungen vom Januar bei Biratnagar und FLEMING u. TRAYLOR (1968) aus dem Jhapa District. Winterfunde liegen ebenfalls aus Sikkim vor (ALI 1962). — Während der Yarkand-Expedition wurden Mitte Oktober bei Shahidula und im Nubra Valley einzelne Exemplare bemerkt (SHARPE 1891).

Nicht selten sind Irrgäste im europäischen Raum festgestellt worden. Am 3. 10. 1987 ein ♂ in Freiberg/DDR (HERGOTT u. ECK 1988). In Kärnten am 22. 11. 1973 bei Klagenfurt (WOSCHITZ 1974). — In Großbritannien: Kent 2., 3., 11., Shetlands 11., Cornwall 13. 10. (ROGERS et al. 1987). — Frankreich: Finistère-Ouessant. 7. 10. (DUBOIS 1987). — Schweden, Dänemark, Finnland, Holland (DUBOIS 1988).

Außerdem in Kalifornien, SE Farallon Isl., am 27. 9. 1980 (PYLE et al. 1983).

XVI · 1989

Phylloscopus inornatus (Blyth)

bearbeitet von

Wladimir M. Chrabryj, Wladimir M. Loskot
und Erika v. Vietinghoff-Scheel

FUNDORTLISTE

Nr.	Fundort		Quelle
1.	Umgebung Chodsha-Fil-ata (= Chadshafil)	As	Zarudnyj (Tagebuch)
—	bei Kampyrtepe	As	Zarudnyj (Tagebuch)
2.	Umgebung Chorog	B	Abdusalyamov 1973 (= Abdusaljamow)
3.	Wantsch-Tal (Gudshowest u. Dolneje)	Ns	Abdusalyamov 1973
4.	Oberlauf d. Obichingou	A	Popow 1959
—	Daschtiwurs (N Paß Sytarg)	A	Zarudnyj 1926
5.	Iskander-Kul	A	Zarudnyj (Tagebuch)
—	Fluß Sary-Tag	Bc	Abdusaljamow 1964
—	Oberlauf d. Fandarja	B	Abdusalyamov 1973
6.	Oberlauf d. Sching	BN	Carruthers 1910
—	Oberlauf d. Magijan	B	Abdusalyamov 1973
—	Marguzarskije-Seen	BJ	Abdusaljamow 1964, 1973
—	Oberlauf d. Artutsch	B	Abdusaljamow 1964, 1973
—	Kulikalonskije-Seen	B	Abdusaljamow 1964, 1973
7.	Oberlauf d. Schachristan	B	Abdusaljamow 1964, 1973
—	Kumbel-Saj	B	Abdusaljamow 1964, 1973; Coll. Zool. Inst. Leningrad
—	Kusawli-Saj	B	Abdusaljamow 1964, 1973
8.	Ak-Tangi (= Oktangi)	B	Abdusalyamov 1973
9.	Oberlauf d. Isfara	B	Zarudnyj (Tagebuch); Abdusalyamov 1973
—	Woruch	B	Abdusalyamov 1973
—	Kschemysch	B	Abdusalyamov 1973
—	Tuwek	B	Abdusalyamov 1973
—	See Kara-Kul-Katta	B	Abdusalyamov 1973
—	Fluß Nurlou	B	Abdusalyamov 1973
10.	Karaul-Chona	B	Abdusalyamov 1973
11.	Nodak-Saj	B	Abdusalyamov 1973
12.	Oberlauf d. Pskem	Ac	Zarudnyj (Tagebuch)
—	Naturschutzgebiet „Aksu-Dshabagly"	B	Schulpin 1961
—	Ajnakol, Berkutuja, Baldabrek	Bc	Kowscharj 1966
13.	Oberlauf d. Merke (Araltjube, Sandyk)	BcN	Portenko 1961
—	Oberlauf d. Karakol	B	Kowscharj u. Korelow 1972
14.	Umgebung Frunze: Ala-Artscha	B	Kuznecow 1962a, 1962b
—	75 km S Frunze	Ac	Spangenberg u. Sudilowskaja 1959
15.	Umgebung Alma-Ata: Bolsch. Almatinsk.-See	Nc	Kowscharj u. Korelow 1972; Neufeldt et al. 1978 Kowscharj 1974, 1979
—	Kaskelen	Nc	Kowscharj u. Korelow 1972
16.	Kulsaj (= Tau-Tschilik)	N	Kowscharj 1972; Kowscharj u. Korelow 1972
17.	S Shalanasch	A	Coll. Zool. Inst. Leningrad
18.	Umgebung Podgornoje, Sumbe	J	Korelow 1956
19.	Zentrales Ketmenj-Gebirge	J	Korelow 1956
20.	Oberlauf d. Kunges	A	Pleske 1890
21.	Ssairam-nor	Ac	Pleske 1890
22.	Tyschkantau-Berge	Bc	Zarudnyj u. Korejew 1906
23.	Oberlauf d. Bolschoj Baskan	NJ	Kowscharj u. Korelow 1972
24.	Oberlauf d. Tentike (Dshungarischer Alatau)	NJ	Kowscharj u. Korelow 1972
25.	Tarbagataj-Gebirge: Oberlauf d. Ajaguz	Ac	Bibikow u. Korelow 1961
26.	Saur-Gebirge (Kyzyl-Kija)	Bc	Kowscharj u. Korelow 1972
27.	Uljastajn-gol	A	Piechocki u. Bolod 1972
28.	Kurtschumskije-Berge	Bc	Kowscharj u. Korelow 1972
29.	Sarymsakty-Gebirge	Bc	Kowscharj u. Korelow 1972
30.	Rachmanowskije-Quellen	Bc	Kowscharj u. Korelow 1972
31.	Sinjucha-Berge	N	Kuzjmina 1953
32.	Iwanowskij-Gebirge: 20 km E Leninogorsk Belaja- u. Tschernaja-Uda-Quellen	N	Stscherbakow (brfl. 1986)
33.	Fluß Tscharysch, S Ustj-Kana	A	Nikolskij 1882; Sushkin 1938
34.	Oberlauf d. Tscherga	AJ	Johansen 1897
35.	Westufer des Telecker Sees	Aa	Sushkin 1938
—	Altyn-Tu-Gebirge	B	Sushkin 1938
36.	Dshozyn-Berg	B	Sushkin 1938
37.	Schaman-Berg	B	Sushkin 1938
—	Oberlauf d. Kyzas	B	Sushkin 1938
—	Tschelpan-Berg	B	Sushkin 1938
—	Chansyn-Gebirge	A	Coll. Zool. Inst. Leningrad
38.	Oberlauf d. Bjura (= Birja = Bira)	N	Zalesskij 1921
—	Mine „Julija"	A	Sushkin 1938; Coll. Zool. Inst. Leningrad
39.	Borus-Gebirge	A	Coll. Zool. Inst. Leningrad
40.	Ojskij-Gebirge	Bc	Suschkin 1914
—	Ojskoje-See	Nc	Suschkin 1914
—	Aradanskij-Paß	AJc	Suschkin 1914
41.	Oberlauf d. Mana	A	Coll. Zool. Inst. Leningrad
—	Manskoje-See	B	Judin 1952
		A	Coll. Zool. Inst. Leningrad
—	Pezinskoje-See, Oberlauf d. Kan	Jc	Judin 1952;
		A	Coll. Zool. Inst. Leningrad
42.	Wyezshij Lag	B	Tugarinow 1913
43.	Oberlauf d. Ketj	J	Milowidow u. Moskwitin 1973
44.	Oktjabrskij	B	Milowidow u. Moskwitin 1973
45.	Akademgorodok	A	Smirnow 1972
		A	Cybulin 1985
46.	bei Surgut	AJc	Scharonow 1951; Coll. Zool. Inst. Leningrad
47.	bei Chanty-Mansijsk	A	Gordejew 1979
48.	Malyj Altym ↓	A	Finsch 1880
49.	Oberlauf d. Manja ↓	AJ	Portenko 1937
50.	Oberlauf d. Chambolja	N	Rjabicew et al. 1980
51.	Oktjabrjskij (N Salechard)	AJN	Danilow et al. 1984

Nr.	Ort		Quelle
—	Mittellauf d. Schtschutschja	A	Finsch 1880
52.	Mittellauf d. Chadyta-Jach	N	Danilow et al. 1984
53.	Fluß Taz, 67°N	Bc	Skalon u. Sludskij 1941
54.	Oberlauf d. Chantajka	AB	Kretschmar 1962, 1966
55.	Oberlauf d. Rybnaja und Keta (= Kita)-See	AB	Kretschmar 1963, 1966
—	Konon-See	NJ	Kretschmar 1966
56.	bei Norilsk	N	Kretschmar 1966
—	Kaptschuk-See (NE-Teil des Lama-Sees)	BNJ	Morozow 1984
57.	Oberlauf d. Sachandsha	B	Kapitonow u. Tschernjawskij 1960
—	Mittellauf d. Tschubukulach (40 km N Kjusjur)	B	Kapitonow u. Tschernjawskij 1960
58.	Dshanki (= Shanki)	Ac	Kriwoschejew 1960
59.	Fluß Berelach (70°30′N)	A	Coll. Zool. Mus. Mosk. Univ.
60.	Schanskoje (= Schamanowo)	BNc	Uspenskij et al. 1962
61.	Fluß Alazeja (70°N)	Ac	Worobjow 1967
62.	Nishne-Kolymsk	Bc	Thayer u. Bangs 1914
		A	Riley 1918
63.	Unterlauf d. Tschaun	A	Zasypkin 1981
64.	bei Markowo	Nc	Portenko 1939
65.	Nordende d. Penschinskaja-Bucht	B?	Jachontow 1979
66.	Mittellauf d. Detrim	BJc	Kistschinskij 1968
67.	bei Ochotsk	A	Charitonow 1915
		B	Wasjkowskij 1966
68.	Ajan	A	Kuzjakin u. Wtorow 1963
69.	Schantar-Inseln	Bc	Dulkejt u. Schulpin 1937
70.	Orel-Berg	Bc	Babenko 1984a
71.	Orel-See	Bc	Babenko 1984b
—	Sergejewska (Nikolajewsk-na-Amure)	BN	Kistjakowskij u. Smogorshewskij 1973
72.	Udyl-See	A	Coll. Zool. Inst. Leningrad
73.	Samarga	B	Elsukow 1982
74.	Ulunga	Bc	Pukinskij (brfl. 1987)
75.	Werchnij perewal (= Krasnyj perewal)	B	Pukinskij (brfl. 1987)
76.	Jalamte (20. V.—1. VI.)	A	Yamashina 1939—40
77.	Oberlauf d. Tschita	Bc	Pawlow 1948
78.	Arachlej-See	Bc	Pawlow 1948
79.	Oberlauf d. Ingoda, Sochondo-Berge (31. V.)	A	Coll. Zool. Mus. Univ. Moskau
80.	Baldshikan	Ac	Nazarenko 1978
81.	E u. W Tereldch	A	Mauersberger 1982
82.	Selenga-Tal	J	Piechocki u. Bolod 1972
83.	Tosoncengel	J	Piechocki u. Bolod 1972
84.	Egijn-dava	A	Piechocki u. Bolod 1972
85.	Sain Noin Khan (9. VI.)	A	Vaurie 1964
86.	Cholt	A	Kozlowa 1930
87.	Naryn-chamyrin-gol	J	Kozlowa 1930
88.	Ala-schan (3. V.)	A	Bianchi 1916
89.	Hu-dja-dschuang	AJ	Stresemann et al. 1937
90.	Desen-laka	J	Stresemann et al. 1937
—	zw. Lau-hu-kou u. Sin-tien-pu	ABsNJ	Stresemann et al. 1937
91.	Tao-Fluß b. Choni	A	Bangs u. Peters 1928
—	Kwadjaku-Tal (Minshan)	A	Bangs u. Peters 1928
92.	Lotan (Ende IX.)		Berezowski u. Bianchi 1891
93.	zw. Tsingling u. Ta-Pa-Shan	B	Cheng et al. (unveröffentl.)
94.	Sungpan	BcJ	Stresemann 1923
95.	Kwan	A	Stresemann 1923
96.	Batang (30. VIII., 1 ×)	A	Stresemann 1923
97.	Yekundo	Ac	Schäfer 1938
98.	Lisum	Ac	Ludlow 1951
99.	Gyala	Ac	Ludlow 1951
—	Dzeng	Ac	Ludlow 1951
100.	Tsela Dzong	A	Ludlow 1944
101.	Gompa b. Tarakot	N	Martens 1972 u. brfl. 1987
—	Thakkhola Taksang über Tukche	As	Martens 1972 u. brfl. 1987
102.	Ringmo/Phoksumdo-See	AaN	Martens 1972 u. brfl. 1987
103.	Chamba	A?	Marshall 1884
104.	Gulmarg	Ac	Bates u. Lowther 1952
—	Tangmarg	A	Martens 1980
105.	Dras	A	Cordeaux 1888
106.	Gilgit	A	Scully 1887
—	Nulter-Tal	B	Biddulph 1881
107.	Tilli	AJ	Paludan 1959
108.	Safed Koh	Nc	Whitehead 1909

Anmerkungen

Zu P. 48: Statt Malyj Altym:
Oberlauf d. Ilytsch, Gebirge Settschem-Iliz — Estafjew (brfl. 1987)
— Oberlauf d. Ydshid-Ljagı — A — Estafjew (brfl. 1987)

Zu P. 49: Statt Oberlauf d. Manja:
Oberlauf d. Bolschaja Synja — A — Estafjew (brfl. 1987)

LITERATUR

Abdusalamow 1964 — Pticy Gorn. Zerawschana. Duschanbe. 171.

Abdusalyamov 1973 (= Abdusalamow) — Fauna Tadjik SSR. Birds. Dushanbe. 19/2, 160—163.

Ali 1939 — J. Bombay Nat. Hist. Soc. 41, 98.

Ali 1955 — J. Bombay Nat. Hist. Soc. 52, 759.

Babenko 1984a — Ornitologija 19, 172.

Babenko 1984b — Faun. i biol. ptic juga Daln. Wost. Wladiwostok. 24.

Baker u. Catley 1987 — Brit. Birds 80, 93—109.

Bangs u. Peters 1928 — Bull. Mus. Comp. Zool. Harvard 68/7, 357.

Bates u. Lowther 1952 — Breeding Birds Kashmir. London. 133—134.

Beaman 1986 — Sandgrouse 8, 31.

Berezowski u. Bianchi 1891 — Aves Exped. Potanini Gan-su. St.-Petersburg. 84.

Bianchi 1916 — Ann. Mus. Zool. Petrograd 20, 43.

Bibikow u. Korelow 1961 — Trudy inst. Zool. Akad. Nauk Kazach. SSR 15, 33.

Biddulph 1881 — Stray Feathers 9, 331.

Bochenski, Olés u. Tomek 1981 — Acta Zool. Cracov. 25/2, 21.
Bundy u. Warr 1980 — Sandgrouse 1, 34.
Butler 1880 — Stray Feathers 9, 409.
Carruthers 1910 — Ibis (9) 4, 456.
Charitonow 1915 — Pticewed. i ptice wodst. 6/4, 261.
Chong 1938 — Contrib. Biol. Lab. Sci. Soc. China 12/9, Zool. Ser., 289.
Cordeaux 1888 — Ibis (5) 6, 224.
Cybulin 1985 — Pticy diffuzn. goroda Nowosibirsk. Moskwa. 51.
Danilow et al. 1951 — Shiw. mir Urala. Swerdlowsk. 69.
Danilow et al. 1984 — Pticy Jamala. Moskwa. 246.
Daske 1984 — Ciconia 8, 25—34.
Davidson 1887 — Stray Feathers 10, 309.
Delacour u. Jabouille 1925 — Ibis (12) 1, 252.
Dubois 1987 — Alauda 55, 348—349.
Dulkejt u. Schulpin 1937 — Trudy Biol. nautschn. isl. inst. 4, 134.
Durnew, Sonin u. Sirochin 1984 — Ornitologija 19, 178.
Elsukow 1982 — Pticy. Rastit. i shiw. mir Sichote-Alinsk. zapow. Moskwa. 212.
Fiebig 1983 — Mitt. Zool. Mus. Berlin 59, Suppl.: Ann. Orn. 7, 178.
Finlayson u. Cortés 1987 — Alectoris 6 (SH.), 63.
Finsch 1880 — Verh. Zool.-bot. Ges. Wien 1879, 157—158.
Fouarge u. Heuville 1975 — Aves 12, 87—90.
Fu 1937 — Étude Ois. Ho-Nan. Langres. 118.
Glenister — Birds Malay Peninsula, Singapore, Penang. London-New York-Toronto. 218.
Gordejew 1979 — Ritmy prir. Sibiri i Daln. Wostoka. Irkutsk. 158.
Gore u. Won 1971 — Birds Korea. Seoul. 349.
Hachisuka 1939 — Orn. Soc. Japan., Suppl. Publ. 51, 91.
Hachisuka u. Udagawa 1951 — Quart. J. Taiwan Mus. 4/1 u. 2, 41.
Hjort 1971 — Bull. Brit. Orn. Cl. 91, 95.
Holmes 1986 — Forktail 2, 35.
Jachontow 1979 — Pticy Sew.-Wost. Azii. Wladiwostok. 157.
Jesse 1902 — Ibis (8) 2, 535.
Johansen 1897 — Orn. Jb. 8, 125.
v. Jordans u. Niethammer 1940 — Verh. Orn. Ges. Bayern 22, 125.
Judin 1952 — Trudy Zool. Inst. Akad. Nauk SSSR 9, 1041.
Kapitonow u. Tschernjawskij 1960 — Ornitologija 3, 93.
Kistjakowskij u. Smogorschewskij 1973 — Wopr. geogr. Daln. Wost. 2, 214.
Kistschinskij 1968 — Pticy Kolymsk. nagorjja Moskwa. 125—126.
Korelow 1956 — Trudy inst. Zool. Akad. Nauk. Kazach. SSR 6, 141.
Kowscharj 1966 — Pticy Talassk. Alatau. Alma-Ata. 252—253.
Kowscharj 1972 — Ornitologija 10, 344.
Kowscharj 1979 — Pewtschije pticy w subwysok. Tjanj-Schanja. Alma-Ata. 183—196.
Kowscharj, Gawrilow u. Rodionow 1979 — Ornitologija 11, 253—267.
Kowscharj u. Korelow 1972 — Pticy Kazachstana. Alma-Ata. 4, 41.
Kozlowa 1930 — Pticy Zabajkalja, Sew. Mongolii i centr. Gobi. Leningrad. 240.
Kretschmar 1962 — Ornitologija 4, 32.
Kretschmar 1963 — Ornitologija 6, 38.
Kretschmar 1966 — Biologija ptic. Moskwa. 286.
Kriwoschejew 1960 — Ornitologija 3, 103.
Kuzjakin u. Wtorow 1963 — Ornitologija 6, 185.
Kuzjmina 1953 — Trudy inst. Zool. Akad. Nauk Kazach. SSR 2, 92.
Kuznecow 1962a — Ornitologija 4, 242.
Kuznecow 1962b — Ornitologija 5, 233.
Ludlow 1944 — Ibis 86, 200.
Ludlow 1951 — Ibis 93, 563.
Marowa 1986 — Trudy 17 nautschn. konf. molod. utsch. biol. fak. Mosk. Uniw., 198—205.
Marshall 1884 — Ibis (5) 2, 416.
Martens 1972 — Bonn. Zool. Beitr. 23, 108.
Martens 1980 — Fortschr. Verh.-Forsch., Beitr. Z. Tierpsych. 22, 53.
Mauersberger 1981 — Mitt. Zool. Mus. Berlin 57, Suppl.: Ann. Orn. 5, 49.
Mauersberger 1982 — Mitt. Zool. Mus. Berlin 58, 56.
Milowidow u. Moskwitin 1973 — Wopr. botan., zool. i potschw. Tomsk. 144.
Morozow 1984 — Ornitologija 19, 36.
Nazarenko 1978 — Ekol. i zoogeogr. nekot. pozw. suschi Daln. Wost. Wladiwostok. 47—48.
Neufeldt et al. 1978 — Trudy Zool. Inst. Akad. Nauk SSSR 68, 249—250.
Nikolskij 1882 — Trav. Soc. Nat. St.-Petersb. 14, 190.
Paludan 1959 — Vidensk. medd. Dansk nat. hist. Foren. 122, 229—230.
Pawlow 1948 — Pticy i zweri Tschitinsk. obl. Tschita. 103, 138.
Paz 1987 — Birds Israel. London. 219.
Piechocki u. Bolod 1972 — Mitt. Zool. Mus. Berlin 48, 106—107.
Pleske 1890 — Aves Przewalskianae. St.-Petersburg. 102—106.
Popow 1959 — Pticy Gissaro-Karategina. Dushanbe. 94.
Portenko 1937 — Fauna ptic wnepol. tschasti Sewer. Urala. Moskwa-Leningrad. 134.
Portenko 1939 — Fauna Anadyr. kraja. Pticy. Leningrad. 1, 111—112.
Portenko 1960 — Pticy SSSR. Moskwa-Leningrad. 4, 32—35.
Portenko 1961 — Trudy inst. Zool. Akad. Nauk Kazach. SSR 15, 125.
Potapow 1986 — Trudy Zool. Inst. Akad. Nauk SSSR 150, 69.
Proud 1949 — J. Bombay Nat. Hist. Soc. 48, 708.
Reid 1881 — Stray Feathers 10, 47.
Riley 1918 — Proc. Unit. States Nat. Mus. 54, 620.
Ripley 1950 — J. Bombay Nat. Hist. Soc. 49, 401.
Rjabicew et al. 1980 — Fauna Urala i jewrop. sewera 8, 57.
Schäfer 1938 — J. Orn. 86 (SH), 244.
Scharonow 1951 — Dokl. Akad. Nauk SSSR 78, 1059.
Schlenker 1977 — Egretta 20, 45.
Schulpin 1961 — Trudy inst. Zool. Akad. Nauk Kazach. SSR 15, 151.
Scott u. Carp 1982 — Sandgrouse 4, 67.
Scully 1887 — Stray Feathers 10, 119.
Shaw 1934 — Bull. Fan Mem. Inst. Biol. (Zool.) 5/5, 326.
Skalon u. Sludskij 1941 — Priroda i soc. choz. 8/2, 431.
Smirnow 1972 — Wopr. lesopark. choz., ozel. Nowosibirsk. nautschn. centra. Nowosibirsk. 42—60.
Smythies 1953 — Birds Burma. Edinburgh-London. 199.
Stepanjan 1978 — Sost. i raspred. ptic fauny SSSR. Passeriformes. Moskwa. 161—162.
Stevens 1929 — Ibis (12) 5, 319.
Stresemann 1923 — Abh. Ber. Mus. Tierk. Völkerk. Dresden 16/2, 13.
Stresemann, Meise u. Schönwetter 1937 — J. Orn. 85, 528—529.
Suschkin 1914 — Mat. Fauna Flora Ross. 13, 332—336.
Sushkin 1938 — Birds Soviet Altai. Moscow-Leningrad. 2, 158.
Swinhoe 1874 — Ibis (3) 4, 441.
Thayer u. Bangs 1914 — Proc. New Engl. Zool. Cl. 5, 58.
Ticehurst 1938 — Genus Phylloscopus. London. 100—109.
Tugarinow 1913 — Orn. Mitt. 2, 86.

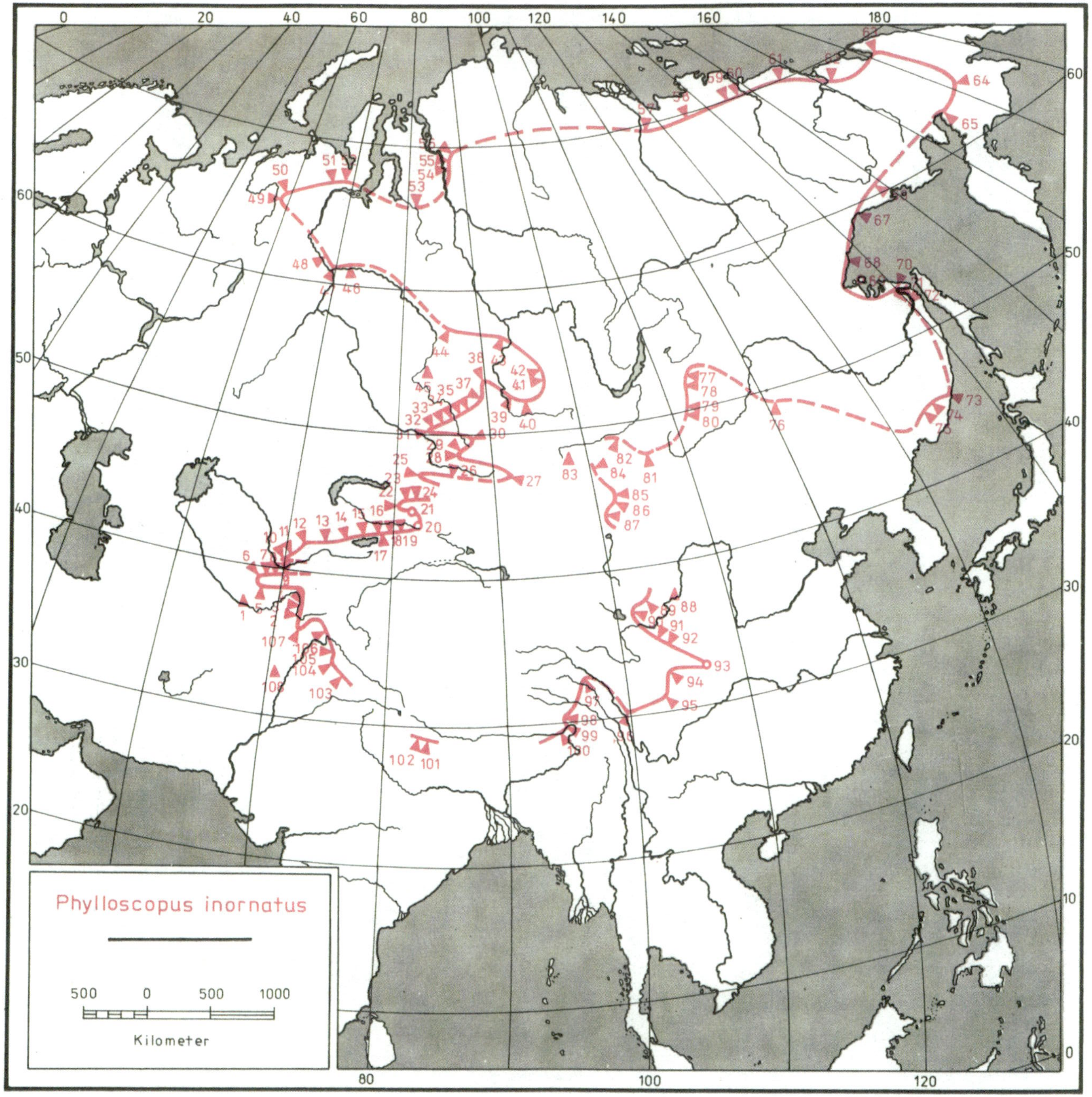
Phylloscopus inornatus
500 0 500 1000
Kilometer

USPENSKIJ, BÖHME, PRIKLONSKIJ u. WECHOW 1962	Ornitologija 5, 64.
VAURIE 1959	Birds palearct. Fauna. Passeriformes. London. 283—285.
VAURIE 1964	Bull. Amer. Mus. Nat. Hist. 127/3, 135.
WASJKOWSKIJ 1966	Krajewed. zap. 6, 95.
WEBER 1954	J. Orn. 95, 295.
WHITEHEAD 1909	Ibis (9) 3, 125.
WILLIAMSON 1962	Phylloscopus-Identif. Ringers 2 (Brit. Trust. Orn.), 7—9.
WOLTERS 1980	Die Vogelarten der Erde. Hamburg-Berlin. 361—364.
WOROBJOW 1967	Ornitologija 8, 158.
YAMASHINA 1939—40	Tori 10, 493.
YEN 1932	Bull. Mus., 2. Ser., 4/3, 252.
ZALESSKIJ 1921	Westn. Tomsk. orn. ob. 1, 257.
ZARUDNYJ 1926	Bull. Soc. Nat. Moscou 35, 257.
ZARUDNYJ u. KOREJEW 1906	Mat. Fauna Flora Ross. 7, 232.
ZARYPKIN 1981	Ornitologija 16, 109—110.

Briefliche Auskünfte erteilten: J. MARTENS (Nepal); A. ESTAFJEW, JU. B. PUKINSKIJ, A. P. SCHAPOWAL, B. STSCHERBAKOW (UdSSR).

Phylloscopus inornatus (Blyth)

Gelbbrauenlaubsänger

Verwandtschaft

Innerhalb der Gattung *Phylloscopus* zweigt man auf Grund einer Reihe morphologischer und ökologischer Besonderheiten nicht selten eine Gruppe kleiner Laubsänger mit gelb-grünen Streifen ab, in die *Phylloscopus inornatus, subviridis* und *proregulus* gestellt werden, mitunter auch *pulcher* und *maculipennis*. WILLIAMSON (1962) verleiht dieser Gruppe keinen taxonomischen Wert, STEPANJAN (1978) stellt sie in den Rang einer Unterart *Reguloides* Blyth (= Goldhähnchen = Laubsänger), was sich als gerechtfertigt zeigen könnte. Gleichzeitig ist die Abspaltung dieser Gruppe nicht so bedeutend, um ihr gleich den Rang einer Gattung zu geben (PORTENKO 1960, WOLTERS 1980) und sogar eine Abtrennung der übrigen *Phylloscopus*-Vertreter (sensu latu) gleich nach den Goldhähnchen (*Regulus*) nach WOLTERS (1980) zu fordern (nach CHRABRYJ u. LOSKOT).

Gliederung, Verbreitung und Oekologie

Gewöhnlich betrachtet man *Phylloscopus inornatus* (Blyth) als polytypische Art, in die drei Unterarten eingeschlossen sind: *inornatus* (Blyth), *humei* (Brooks), *mandellii* (Brooks) (TICEHURST 1938, VAURIE 1959, PORTENKO 1960, WILLIAMSON 1962, STEPANJAN 1978, WOLTERS 1980). Diese Unterarten zeigen unwesentliche, aber dennoch klare morphologische Unterschiede, anhand derer man sogar Sammlungsexemplare von *inornatus* und *humei* in stark abgetragenem Sommergefieder (Juli) bestimmen kann. Wesentlich unterscheiden sich auch die Unterarten in ihren ökologischen Ansprüchen. Scharfe Unterschiede im Gesang sind für *inornatus* und *humei* bekannt, wodurch die Männchen in der Natur leicht zu bestimmen sind.

Das Brutgebiet von *Ph. i. mandellii* liegt isoliert in den Gebirgen Chinas. Die Verbindung von *Ph. i. inornatus* und *Ph. i. humei* im Kontaktgebiet ihrer Areale ist recht kompliziert. So wurden brütende *inornatus* im West-Tannu-Ola entdeckt (MAROWA 1986), wo auch *humei* sehr häufig vorkommt und weit verbreitet ist. Ähnlich ist die Lage auch östlich vom Chubsugul, an den Quellen des Uri-gol (LOSKOT, unveröffentl.). Außerdem brüten beide Unterarten in unmittelbarer Nähe der Manskoje belogorje, in den Sajanen (TUGARINOW 1913, JUDIN 1952) und vielleicht im südlichen Transbaikalien, wo im westlichen Teil des Gebirges Chamar-Daban brütende *humei* festgestellt wurden (DURNEW et al. 1984).

Über die Besonderheiten der Verbreitung in den Gebirgen des südlichen Sibiriens und der Mongolei wird in einer Spezialarbeit ausführlich eingegangen (z. B. sei bemerkt, daß Mitteilungen über das gemeinsame Auftreten im Gebirge Chan-Chuchej und das Brüten von *Ph. i. inornatus* im Gebirge Turgen-Ula [POTAPOW 1986] und auf dem Territorium der Mongolei [PIECHOCKI u. BOLOD 1972] nicht zutreffen). Die Vögel der Nominatform wurden exakt zur Brutzeit im Kentei (sowohl westlicher als auch östlicher; VAURIE 1959) und auch am Oberlauf von Uri-gol und Chalkin-gol kartiert. Aus den Gebirgen der westlichen Mongolei (Mongolischer Altai und im Chantaj) erhielt man zur Brutzeit ausschließlich *Ph. i. humei*. *Ph. i. inornatus* ist ein Bewohner lichter Wälder, und sowohl die Nord- als auch die Nordostgrenze ihrer Verbreitung trifft gut mit der Grenze der Waldtundra zusammen. Die Südgrenze des Brutgebiets im Ural und besonders in Westsibirien ist ungenügend erforscht. Angaben, die die Brut im westlichen Vorural, in den Grenzen des Perm-Gebietes (PORTENKO 1960), im Mittel-Ural (DANILOW et al. 1951), im Gebiet Tobolsk, Tomsk und im Salair-Höhenzug (STEPANJAN 1978) bestätigen könnten, lassen sich nicht finden. Er siedelt nicht in der Umgebung von Krasnojarsk (JUDIN 1952), obgleich nordöstlich am Oberlauf des Ketj bei 67°N (MILOWIDOW u. MOSKWITIN 1973) und südlicher, am Fluß Mana bei Wyjezshij Log (TUGARINOW 1913) *Ph. i. inornatus* natürlich brütet. Ungenügend ist das Brutgebiet in Transbaikalien erforscht, wo der Laubsänger im niedrigen Südostteil nicht vorkommt; wahrscheinlich brütet er auch nicht im südlichen Sichote-Alin bis in den Süden zum Bikin-Tal. Das Brüten von *Ph. i. humei* wurde nur in den gebirgigen Wäldern oder im subalpinen Strauchgürtel in großen Höhen bei 1500—3400 m festgestellt, obgleich die Mehrzahl der Vögel an der oberen Waldgrenze gewöhnlich bei 2000—2800 m siedelt. Diese Höhenverbreitung ist der Grund für das „spitzenhafte" Aussehen des Areals, das sich auch weiter nach Süden im Arealteil von *mandellii* fortsetzt. Man findet ihn als häufigsten

Laubsänger im Alpenmischwald von Hsifan und Yekundo ab 1000—4000 m bis hinauf zur Baumgrenze (SCHÄFER 1938) und bei Sungpan im Mischwald der Alpen bis 3800 m auch brütend (STRESEMANN 1923). Zu den isoliert in Nepal liegenden Lokalitäten (P. 101 und 102 = *humii*) bemerkt MARTENS (1972): „Die ersten nun vorliegenden Brutfunde in Nepal bedeuten eine Arealerweiterung um etwa 300 km nach Osten entlang der Himalaya-Hauptkette. Hier sind die Brutplätze ganz offensichtlich auf die Trockengebiete nördlich der Hauptkette beschränkt; jeglicher Bruthinweis fehlt für die monsunfeuchte Südseite im nepalischen Himalaya als auch in weiter östlichen Gebirgsteilen. — Die beiden durch brutaktive Individuen belegten Nistorte bei Tarakot und am Phoksumdo-See bestanden aus lockeren Koniferenwaldrändern (*Pinus*, *Picea*, *Juniperus*, auch *Betula*) in 3300 bis 3700 m Höhe".

Der Gelbbrauenlaubsänger ist Bodenbrüter. Die Ablage der 3—5 kleinen weißen Eier, die spärlich rot oder rötlich-braun gefleckt sind, erfolgt ab Ende Mai, im Juni und zeitigen Juli; die Hauptlegezeit dürfte Ende Juni liegen. Das nach oben gewölbte Nest ist im Gras an Ufern oder Hängen plaziert und ist, wie z. B. aus Kaschmir berichtet wird (BATES u. LOWTHER 1952) ausschließlich aus frischen Tannennadeln mit einer Basis aus älteren Nadeln gebaut; verbunden wird es mit zahlreichen Pferdehaaren und anderen feinen Haaren. Gewöhnlich ist es aber mit Gras durchwoben und hat nur einige Haare als Bindemittel. Ein Nest in Kuku-nor-Nähe war auf der Erde an einem mit 15—30jährigen Fichten bewachsenen Hang errichtet und bestand aus Halmen und Gras mit etwas Moos. Das Flugloch war 3 cm groß; von innen war das Nest 5,5 cm breit und 6 cm hoch, außen 10 cm breit, 10,5 cm hoch, 10 cm tief, also ganz rund. Die Nestmulde war mit Rehhaaren ausgelegt (STRESEMANN et al. 1937).
Nahrung: Insekten.

Wanderungen

Phylloscopus inornatus ist Zugvogel. Der im Westen wandernde *humei* kann im Winter bereits nahe seines Brutgebiets beobachtet werden. So wurden in den späten August-Tagen und im September die ersten Zügler im Suru-Tal, Ladakh, gesichtet, von denen man annimmt, daß sie aus dem nahegelegenen Tien-Shan über die Takla-Makam nach dort gelangt sind (HOLMES 1986). Die Umgebung von Kohat besuchten einzelne Exemplare ab September und hielten sich dann bis Ende April in den Obstgärten und Anlagen auf (WHITEHEAD 1909). Sehr zahlreich traten diese Laubsänger im Nepal-Tal sowohl auf dem Zug als auch im Winter auf (PROUD 1949, RIPLEY 1950). Der indische Subkontinent ist im allgemeinen dicht mit den Wintergästen besiedelt. In Lucknow hielten sie sich von September bis April auf (REID 1881, JESSE 1902); aus dem südlicher gelegenen Bhopal und Gwalior nennt man Januar- und Märzfunde (ALI 1939). Über Kandesh (DAVIDSON 1887) und Gujarat (November bis März; ALI 1955) gelangen sie bis Belgaum (BUTLER 1880).

Ph. mandellii und *inornatus* findet man zur Winterszeit zusammen auf dem Gebiet von Bangladesh und Burma, letzteren aber hauptsächlich in den östlich anschließenden Staaten bis hin nach Nordost-China. Ab Mitte Oktober bis Mitte April ist er häufig in den Ebenen Burmas, z. B. am Irrawaddy am 16. 11. beobachtet worden (STANFORD u. MAYR 1938, SMYTHIES 1953) und gilt sowohl für die nördliche Malayische Halbinsel als Durchzügler und Wintergast (GLENISTER 1959) als auch für Thailand und Vietnam (Quangtri; DELACOUR u. JABOUILLE 1925, — Tonkin; STEVENS 1929). Die chinesischen Provinzen Kwangtung (YEN 1932), Fokien (v. JORDANS u. NIETHAMMER 1940), Honan (FU 1937), Chekiang (SHAW 1934), Shantung (SWINHOE 1874), die Umgebung Nankings (CHANG 1938) sowie die Inseln Hainan (HACHISUKA 1939), Taiwan (HACHISUKA u. UDAGAWA 1951) und die Riu Kius (TICEHURST 1938) sind ständige Winterquartiere. — Für Korea liegen bis jetzt nur Zugbeobachtungen vor (GORE u. WON 1971, BOCHENSKI et al. 1981, MAUERSBERGER 1981, FIEBIG 1983).

Nachrichten über verflogene Exemplare sind verhältnismäßig häufig. Den wohl bemerkenswertesten Fund kennt TICEHURST (1938): 1 Ex. Januar 1933 bei der Meteorologischen Station Gyda Yama gegenüber Dickson Island (72°N/77°E), Temperatur z. Z. —35° bis —50 °C. — BAKER u. CATLEY (1987) nennen *Ph. inornatus* einen der am regelmäßigsten und häufigsten Zügler, der Westeuropa besucht; die Nachweise liegen meist in der Periode September—Dezember. Die Autoren geben gleichzeitig eine Aufstellung von Nachweisen aus folgenden Teilen Europas: Lettland, Estland, Polen, Finnland, Schweden, Norwegen, Faroer-Inseln, Dänemark, Helgoland, Niederlande, Belgien, Frankreich (DUBOIS et al. 1987, FOUARGE u. NEUVILLE 1975 u. a.), Schweiz, Malta.

Am 2. 10. 1953 wurde ein *Ph. inornatus* in Serrahn (DDR) gefangen; am 11. 10. 1953 1 Ex. an der Kieler Außenförde beobachtet (WEBER 1954); am 20. 12. 1981 auf der Rheininsel bei Ottmannsheim (DASKE 1984). — Österreich: Am 27. 10. 1975 bei Illmitz/Seewinkel 1 Ex. beringt (SCHLENKER 1977). — Weiterhin liegen Nachweise aus dem Iran vor: Birjand 4. 1. 1927 (MEINERTZHAGEN leg.); Hjort (1971); ebenso aus Israel: Eilot, Sinai; Sede Boker/Zentral-Negev 2.—30. 10. 1981 (PAZ 1987). Kuweit im November, Dezember; Bahrein im November, Dezember, Februar (BUNDY u. WARR 1980). — In Iraq am 12. und 13. Januar Basrah in Baghdad am 2. Februar (SCOTT u. CARP 1982). — Türkische Schwarzmeerküste bei Eregli am 16. Dezember (BEAMAN 1986). — Gibraltar: 1 Ex. am 30. 10. 1984 (FINLAYSON u. CORTES 1987).

XVI · 1989

Phylloscopus nitidus Blyth

bearbeitet von

Irena A. Neufeldt und Erika v. Vietinghoff-Scheel

FUNDORTLISTE

1.	S Düzce	A	Albrecht 1985
2.	zw. Bolu u. Abant Gölü (20. V.)	A	Albrecht 1985
3.	Ulubey (29. V.—8. VI.)	A	Steiner 1962
—	N Mesüdiye (29. V.)	A	Steiner 1962
4.	Vilayet Giresun: Bicık	AJ	Steiner 1962
5.	Zıgana-Berg (12. VI.)	As	Érard u. Etchécopar 1968
6.	Sumela (= Meryemana)	AN	Steiner 1962
		A	Witherby 1907
7.	Vilayet Rize (11.—19. VIII.)		Steiner 1962
	Rize (VIII.)		v. Jordans u. Steinbacher 1948
8.	Vilayet Artwin: Kutul	AJ	Steiner 1962
—	Umgebung Artwin, Posten Sololet-Topaz (= Sololet-Topasskij)	AJ	Nesterow 1910
—	Posten Singotskij	AJ	Derjugin 1900
9.	Yalnızcam Gecıti (Frühsommer)	A	Kumerloeve (brfl. 1986)
10.	zw. Bolu u. Abant Gölü	A	Steiner 1962
11.	Unterlauf des Tschoroch	A	Nesterow 1910
12.	Zekarskij-Paß	Bc	Loskot (brfl. 1986)
13.	Borshomi	A	Shordanija 1962
14.	Surami	A	Jordania 1975
15.	Ali (Gori)	A	Coll. Zool. Inst. Leningrad
16.	Dshawa	A	Jordania 1975
17.	Mestia	NBJc	Loskot (brfl. 1986)
18.	Gebiet Suchumi	A	Jordania 1975
19.	Mjussera, Kap Pizunda	A	Loskot (brfl. 1986)
—	Adler	B	Woltschaneckij et al. 1962
20.	Umgebung Sotschi	ABJc	Suschkin 1914; Woltschaneckij et al. 1962; Coll. Zool. Inst. Leningrad
—	Asche	A	Coll. Zool. Inst. Leningrad
—	Lazarewskoje	B	Woltschaneckij et al. 1962
—	Dshubga	B	Woltschaneckij et al. 1962
21.	Umgebung Pschada	B	Woltschaneckij et al. 1962
		ABJ	Loskot (brfl. 1986)
—	Betta	B	Woltschaneckij et al. 1962
—	Gelendshik	A	Woltschaneckij et al. 1962
—	Michajlowskij-Paß	B	Woltschaneckij et al. 1962
22.	Abrauskij-Halbinsel	B	Woltschaneckij et al. 1962
23.	Anapa	AB	Woltschaneckij et al. 1962
24.	Afips-Becken	B	Woltschaneckij et al. 1962
25.	Psekups-Becken	B	Woltschaneckij et al. 1962
—	Gojtchskij-Paß	B	Woltschaneckij et al. 1962
26.	Fluß Pschecha	Ac	Awerin u. Nasimowitsch 1938
27.	Kischa-Tal	A	Awerin u. Nasimowitsch 1938
—	Psebaj	A	Coll. Zool. Inst. Leningrad
28.	Fluß Marucha	A	Coll. Zool. Inst. Leningrad
—	Umgebung Kluchori	J	Ptuschenko 1954
29.	Fluß Eschkanon	A	Lorenz 1887
—	Umgebung Kislowodsk	A	Lorenz 1887
—	Berg Dshinal	A	Lorenz 1887; Coll. Zool. Inst. Leningrad
30.	Umgebung Scheleznowodsk	AN	Artobolewskij 1925; Coll. Zool. Inst. Leningrad
31.	Gundelen	AJc	Heptner 1926
32.	Cejskoje-Schlucht	A	Coll. Zool. Inst. Leningrad
—	Umgebung Balta	N	Boehme 1926
—	Kobanj	J	Boehme 1958
33.	Salgı	J	Boehme 1926
34.	Omalo	A	Jordania 1975
35.	Gunib	BAc	Bilkewitsch 1893
36.	Samur-Delta	Aa	Drosdow 1965; Loskot (brfl. 1986)
37.	Susaj	AB	Satunin 1907
38.	Altyagatsch	AB	Satunin 1907; Gambarow 1954
39.	Marazi (= Maraza)	AB	Satunin 1907
40.	Astrachanka	AB	Satunin 1907
41.	Schemacha	A	Gambarow 1954
42.	Filfili	AB	Loskot (brfl. 1986)
—	Kachi	Bc	Loskot (brfl. 1986)
—	Sarybasch	A	Coll. Zool. Inst. Leningrad
—	Zakataly	Ac	Gambarow 1954
—	Zakataly-Naturschutzgebiet	Ac	Drozdow 1965; Coll. Zool. Inst. Leningrad
43.	Lagodechi	A	Jordania 1975
—	Lagodechi-Naturschutzgebiet	Ac	Coll. Zool. Inst. Leningrad
—	Umgebung Kwareli	A	Banjkowskij 1913
44.	bei Gremi	A	v. Knorre 1971
45.	Umgebung Telawi	Ac	Tschchikwischwili 1930
46.	bei Tetri-Ckaro (= Belyj Klutsch)	AJc	Cwetkow 1901; Shordanija 1962; Coll. Zool. Inst. Leningrad
47.	Murow-Dag	Ac	Drozdow 1965; Coll. Zool. Inst. Leningrad
—	Umgebung des Gek-gol (= Gejgel)	Ac	Drozdow 1965
48.	Umgebung Agdam	A	Coll. Zool. Inst. Leningrad
49.	Fluß Wochtschi	A	Coll. Zool. Inst. Leningrad
50.	Mjargi (Megri)	NBc	Loskot (brfl. 1986)
51.	Cachkadzor	A	Fischer u. Fischer 1976
52.	Nordhang des Pambakskij-Gebirges	Ac	Laister u. Sosnin 1942, Dal 1948
—	Südhang des Pambakskij-Gebirges; Mischany-Tal	A	Laister u. Sosnin 1942, Dal 1948
53.	beim Posten Arsijanskij (Gebiet Arsijan)	A	Nesterow 1910, Coll. Zool. Inst. Leningrad
—	Arsijanskij-Gebirge beim Paß Chanli (= Goderzi)	A	Wilkonskij 1897
54.	Diabarskaja-Talkessel	A	Drozdow 1963
—	Kongshawu-tschaj-Tal	A	Drozdow 1963
—	Dshoni	A	Loskot (brfl. 1986)
55.	Lerik	ABc	Loskot (brfl. 1986)
—	Hänge der Talyscher Berge, Gebirgsgrat Uljasy	Ac	Drozdow 1965
56.	Umgebung Lenkoran	Bc	Loskot (brfl. 1986)
57.	Laredshan (= Lachidshan)	J	Coll. Zool. Inst. Leningrad
58.	S Kuramabad	A	Stresemann 1928
59.	Chalus	Ac	Schüz 1959
60.	S Alamdeh	A	Martens 1980
61.	Pish Kuh	A	Stresemann 1928
62.	Gulega	Ac	Schüz 1959

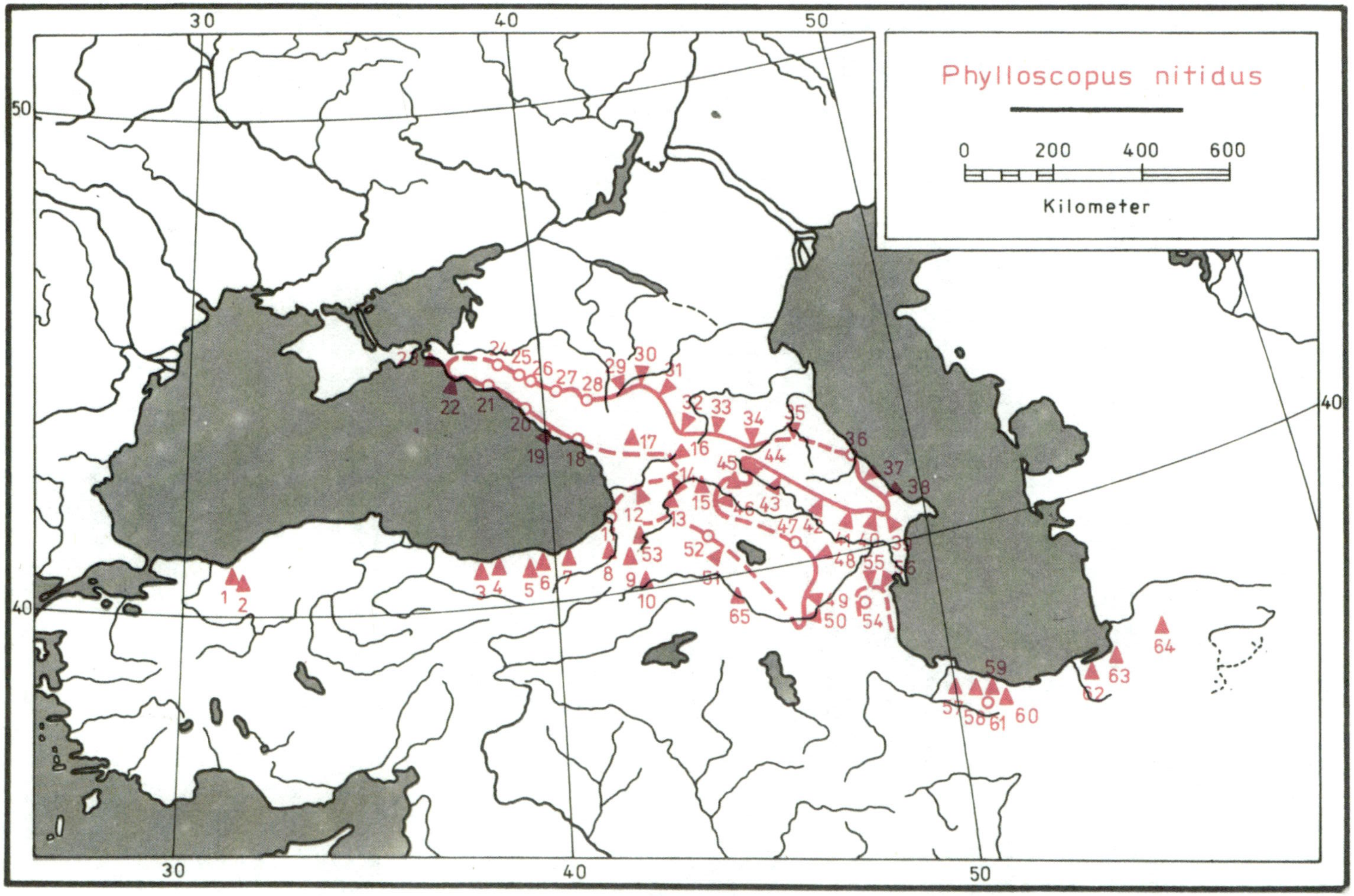
Phylloscopus nitidus
0 200 400 600
Kilometer

63. Astrabad (= Gurgan) AB? Dementjew 1948
64. Dasht A? Érard u. Etchécopar 1970
65. Umgebung Sardar-Bulak (= Sardar Bulach, nahe dem Berg Ararat) AJ Suschkin 1914; Bobrinskij 1915; Coll. Zool. Inst. Leningrad

LITERATUR

Afonin 1985 Ornitologija 20, 105; 106.
Albrecht 1985 Sandgrouse 6, 69—75.
Ali u. Ripley 1973 Handb. Birds India, Pakistan. Bombay-London-New York. 8, 170—171.
Artobolewskij 1925 Dokl. Ross. Akad. Nauk, A, 109—112.
Awerin u. Nasimowitsch 1938 Trudy Kawkaz. zap. 1, 26.
Banjkowskij 1913 Izw. Kawkaz. mus. Tiflis 7, 49.
Baumgart u. Fischer 1978 Faun. Abh. Mus. Tierk. Dresden 7 (2), 9.
Bilkewitsch 1893 Prilosh. k Protokol. zased. Obstsch. Jestestwoispyt. pri Kazan. Uniw. 135, 11.
Bobrinskij 1915 Izw. Kawkaz. muz. Tiflis 8/3—4, 216—217.
Boehme, L. 1926 Utsch. zap. Sew.-Kawkaz. inst. krajew. Wladikawkaz 1, 210.
Boehme, R. 1958 Utsch. zap. Sew.-Osetinsk. ped. inst. Ordshonikidse 23/1, 165.
Cwetkow 1901 Mat. Fauna Flora Ross. 5, 93.
Dal 1948 Zool. sborn. Zool. inst. Akad. Nauk Armjan. SSR 5, 38.
Dementjew 1948 Trudy Centr. bjuro kolcew. 7, 187.
Dementjew, Karajew u. Kartaschew 1955 Utsch. zap. Moskow. uniw. 171, 149.
Derjugin 1900 Ann. Mus. Zool. St.-Petersb. 5, 298.
Drozdow 1963 Ornitologija 6, 343.
Drozdow 1965 Ornitologija 7, 169.
Érard u. Etchécopar 1968 L'Ois. 38, 100.
Érard u. Etchécopar 1970 Mem. Mus. Hist. Nat. Paris, sér. A/66, 92.
Fischer u. Fischer 1976 Beitr. Vogelk. 22, 154.
Gambarow 1954 Trudy Inst. zool. Azerbajdshan. SSR 17, 94.
Hartert 1910 Vögel paläarkt. Fauna. Berlin. 1, 510.
Henry 1971 Birds Ceylon. London-New York-Melbourne. 48.
Heptner 1926 Utsch zap. Sew.-Kawkaz. inst. krajew. Wladikawkaz 1, 101.
Isakow u. Worobjow 1940 Trudy Wsjesojuz. orn. zapow. Gassan-Kuli 1, 149.
Ivanov (= Iwanow) 1940 Ois. Tadjikistan. Moscou-Leningrad. 215.
Iwanow 1976 Katalog ptic SSSR. Leningrad. 192.
Jordania (= Shordanija) 1975 Beitr. Vogelk. 21, 133.
v. Jordans u. Steinbacher 1948 Senckenbergiana 28, 159—186.
v. Knorre 1971 Beitr. Vogelk. 17, 443.
Köhler 1973 Falke 20, 235.
Kumerloeve 1958 Vogelwarte 19, 210—211.
Kumerloeve 1967 Vogelwarte 24, 144.
Laister u. Sosnin 1942 Ornis Armeniaca. Erewan. 325—326.
Legge 1880 History Birds Ceylon. London. 551—552.
Lorenz 1887 Beitr. Kenntn. orn. Fauna Nordseite Kaukasus. Moskau. 29—30.
Martens 1980 Fortschr. Verh.-Forsch. (Beitr. Zool., Tierpsych.) 22, 29—35.
Meinertzhagen 1938 Ibis (14) 2, 677.
Mistschenko 1986 Priroda Centr. Kopetdaga. Aschchabad. 120—162.
Molamusow 1967 Pticy Centr. Sew. Kawkaza. Naltschik. 68—69.
Nesterow 1910 Izw. Kawkaz. muz. Tiflis 5/2—3, 132.
Paludan 1959 Vidensk. Medd. Dansk nat. hist. Foren. 122, 231.
Pleske 1889 Ornithographia Rossica II. Laubsänger, Phylloscopus. St.-Petersb. 172—175.
Poliwanow u. Poliwanowa 1986 Trudy Teberdinsk. zapow. 10, 74—79.
Ptuschenko 1954 Pticy Sow. Sojuza. Moskwa. 6, 184—186.
Satunin 1907 Zap. Kawkaz. otd. Russ. geogr. ob. 26 (3), 48—49.
Schestoperow 1937 Opred. pozwon. shiw. Turkmen. SSR. 4. Pticy. Aschchabad-Baku. 245.
Schüz 1959 Vogelwelt d. Südkaspischen Tieflandes. Stuttgart. 118.
Shordanija 1962 Ornitofauna Mal. Kawkaza (Gruzin.). Tbilisi. 236.
Steiner 1962 Egretta 5, 57—60.
Stepanjan 1970 Utsch. zap. Mosk. ped. inst. im. Lenina 394, 130.
Stepanjan 1978 Sostaw i raspred. ptic fauny SSSR. Passeriformes. Moskwa. 160.
Stresemann 1928 J. Orn. 76, 374.
Suschkin 1914 Orn. Westnik 1, 9.
Ticehurst 1938 Genus Phylloscopus. London. 152—155.
Tkatschenko 1966 Trudy Teberdinsk. zapow. 6, 207—208.
Tschchikwischwili 1930 Zakawkaz. krajewed. sborn., A, jestest., 1, 9.
Tugarinow 1950 Sborn. pamjati Suschkina. Moskwa-Leningrad. 40.
Vaurie 1954 Amer. Mus. Novit. 1685/9, 20—21.
Vaurie 1959 Birds Palearct. Fauna. Passeriformes. London. 292—293.
Waite 1934 J. Bombay Nat. Hist. Soc. 37, 690.
Whitehead 1909 Ibis (9) 3, 125—126.
Wilkonskij 1897 Mat. Fauna Flora Ross. 3, 111.
Williams 1929 J. Bombay Nat. Hist. Soc. 33, 601.
Witherby 1907 Ibis (9) 1, 87.
Woltschaneckij, Puzanow u. Petrow 1962 Trudy Nautschn. issl. inst. biol. i Biol. fak. Charkow. uniw. Raboty kaf. zool. pozw. 32, 33; 65.
Zarudnyj 1896 Mat. Fauna Flora Ross. 2, 101—102.
Zarudnyj 1900 Mem. Acad. Sci. St.-Petersb. 10, 208.
Zarudnyj 1903 Zap. Russ. geogr. ob. po ob. geogr. 36/2, 412—413.

Briefliche Auskünfte erteilten: H. Kumerloeve (Türkei), W. M. Loskot (Kaukasus), J. Martens (Iran).

Phylloscopus nitidus Blyth

Wacholder-Laubsänger

Verwandtschaft

Monotypische Art, die nächstverwandt mit *Phylloscopus trochiloides* (Sundevall) ist.

Zur Verbreitung

Das Brutgebiet ist noch nicht erschöpfend erforscht. Fest steht, daß es fast völlig die Zone der Laub- und Nadel-Laubwälder des Großen Kaukasus (von Anapa und den Becken von Afips und Psekups im Nordwesten und der Stawropol-Anhöhe im Norden), den Kleinen Kaukasus mit den benachbarten Gebieten der Türkei (im Westen in den Pontischen Bergen bis Trapezunt; Ticehurst 1938), das Talyscher Hochland und den Elburs bis zu seinen östlichen Ausläufern bei ungefähr 56°E umfaßt.

Ticehurst (1938), Vaurie (1959), Iwanow (1976) und Stepanjan (1978) erweitern das Areal von *Ph. nitidus* um das Turkmeno-Chorasanische Gebirge samt dem Kopet-dag, im Süden bis zur Kutschan-Meschched-Ebene, die Flüsse Tedshen und Murgab bis zu ihren Unterläufen, den Paropamisus, vermutlich auch die mittelafghanischen Gebirge, und sie bemerken, daß das Brüten auch in den Gebirgen Kugitang, Bajsuntau und Babatag nicht auszuschließen ist. Zugleich gibt es noch keine faktischen Nachweise darüber, ob die Art unter für sie untypischen Bedingungen brütet wie in Berg-Wüsten- und Berg-Steppen-Landschaften im Süden Mittelasiens (UdSSR), in Nordost-Iran und Nord-Afghanistan in Gärten und Oasen, lichten Wacholderanpflanzungen der höchsten Gebirgsregionen oder in lichten Niederungswäldern inmitten der Wüste, die dem typischen Regime der Hochwässer der Flüsse unterliegen. Es existieren aus diesen Gegenden weder Funde von Nestern oder ausgeflogenen Jungen noch von erwachsenen Exemplaren vom Juni/erste Hälfte Juli, zu einer Zeit, da sich in diesen Territorien keine Zugvögel oder Umherstreifende aufhalten, die aus benachbarten nachweislichen Brutgebieten eintreffen. Die Gründe für den Einschluß dieser erwähnten Territorien ins Areal und für die Annahme von Bruten basieren nicht nur auf unbewiesenen Brutfunden (wie Zarudnyj 1896, 1900, 1903 folgerte), die in den bewaldeten Ebenen und Wacholderwäldern der oberen Bergzone in Nordost-Chorasen (Iran) und Süd-Turkmenien (UdSSR) vermutet werden, sondern auch auf einigen lokalen Exemplaren, die von Forschern im Mai oder August an den westlichen Ausläufern des Kopet-dag (Dementjew et al. 1955), im Nordwest-Kugitang (Iwanow 1940), im Bajsuntau (Stepanjan 1970), im Hissar-Tal (Iwanow 1940) und im Hindukusch (Meinertzhagen 1938) gesichtet oder erlegt wurden. Gleichzeitig berichtete 1937 Schestoperow, daß er in Turkmenien den Wacholderlaubsänger nur auf dem Zug beobachtet hat. Mistschenko (1986) erwähnt die Beobachtungen von vereinzelten Exemplaren am 23. 4., 4. 5., 9. 5. und 21. 5. in einigen Schluchten des trockenen Zentral-Kopet-dag, konnte aber keine Brutnachweise erbringen.

Auch Paludan (1959) konnte nichts Neues über diesen Laubsänger aus Afghanistan berichten. Da alle Mitteilungen über Funde außerhalb vom Kaukasus, Talysch und Elburs gut mit Angaben von Wanderungen und Streifereien nach der Brutzeit in diesen und benachbarten Territorien übereinstimmen, werden sie — bis exakte Brutnachweise aus Süd-Mittelasien, Nordost-Iran, Nord-Afghanistan vorliegen — dem Abschnitt „Wanderungen" zugeordnet.

Mitunter treten während des Frühjahszuges Verzögerungen auf, und unter günstigen Bedingungen brüten dann einige Vögel auch in Lokalitäten, die entfernt vom Hauptbrutgebiet liegen, z. B. in Pakistan: 28. 7. Nordwest Frontier Province (Ticehurst 1938), im Punjab bei Fort Munro (Waite 1934); außerdem sind Nestfunde aus Nord-Baluchistan bei Quetta (Williams 1929) bekannt. Diese Angabe ist allerdings anzuzweifeln, da keine Belege existieren.

Oekologie

Gebirgige Laubwälder und Mischwälder aus Laub- und Nadelgehölzen mit gut entwickeltem Unterholz und Grasbewuchs; oft in Schluchten von Gebirgsflüssen, bis hinauf zur Baumgrenze, wo im Krummholz auch noch einige Hochstämme zu finden sind, die sich über das Strauchwerk der subalpinen Zone erheben (Loskot brfl. 1986). Im Großen Kaukasus, an der äußersten Nordwestgrenze des Areals, wurde *Phylloscopus nitidus* in Anapa und Gelendshik in Stadtparks, im Gebiet von Sotschi vom Meeresufer bis in den Tannenwald und die Krummholzzone am Paß Pseaschcho und im Aspidnyj-Gebirge (Woltschaneckij et al. 1962) gefunden; häufig ist er auch im gebirgigen Waldgürtel des Kaukasus-Naturschutzgebiets (Awerin u. Nasimowitsch 1938) und im dichten Laubwald mit Unterwuchs in der Umgebung von Sheleznowodsk (Artobolewskij 1925) vertreten; im Teberda-Schutzgebiet bildet er zusammen mit *Ph. collybita* die dominierende Art der oberen Waldzone, wo er die mit Rhododendron bewachsenen Birkenwälder und Nadel(Tanne, Kiefer)-Laubwälder und die niedriger gelegenen Gebirgslaubwälder (Tkatschenko 1966, Köhler 1973, Poliwanow u. Poliwanowa 1986) bevorzugt besiedelt; im zentralen Teil des nördlichen Kaukasus, in Kabardinien-Balkarien, ist er hauptsächlich in Buchen-Hainbuchen-Wäldern, weniger in Eichen-Hainbuchen-Wäldern zu finden (Afonin 1985). In Ost-Dagestan bewohnt er Laubwaldhaine (Bilkewitsch 1893), hingegen im Samur-Delta lichte Eichenwälder, niedrige Laubwälder und überwachsende Holzschichten (Drozdow 1965); an den Südhängen des Großen Kaukasus, in Zakataly, lebt er in Buchen-Hainbuchen-Wäldern der mittleren Zone (Drozdow l. c.), jedoch im äußersten Südosten des Großen Kaukasus brütet er im Buschwald und in Gärten der Vorberge und Flußtäler bis zur oberen

Waldgrenze (SATUNIN 1907, GAMBAROW 1954). In den Bergen des Kleinen Kaukasus bei Tetri-Ckaro liegen die Vorzugshabitate in Wäldern an Flüssen und Flüßchen, an Hängen von Schluchten und überhaupt an schattigen und feuchten Stellen wie im Buschwald, wo auch alte hohe Bäume vorkommen, bis hin zur Baumgrenze (CWETKOW 1901); bei Duscheti und Kwareli in Buchenwald (BANJKOWSKIJ 1913); im Gebiet Telawi in allen Waldzonen der Berge (TSCHCHIKWISCHWILI 1930). Am Paß Chanli wurden singende Männchen in der zweiten Juni-Hälfte im Laubwaldgestrüpp angetroffen (WILKONSKIJ 1897); im Pambak-Gebirge gewöhnlich in Eichen- und Buchenwäldern der Nordhänge; am Südhang im Uferstrauchwerk des Mischany-Tals von Tajtscharuch (1770 m) bis Ulaschich (2190 m) von LAISTER u. SOSNIN (1942) und DAL (1948) entdeckt; im Murow-Dag am Gek-Gol besiedelt er die obere Zone der Hainbuchen-Buchen-Wälder und Mischwälder (Kiefern mit Birke und Linde) auf Blockfelsen-Terrain (DROZDOW 1965). Im Talyscher Bergland und im Elburs liegen die Vorkommen in Laubwäldern hyrkanischen Typs: In den Talysch-Vorbergen aus Kastanienblättriger Eiche, Eisenholz mit Hainbuche, an den Hängen Buche-Hainbuche (DROZDOW 1965). Im Pishkuh, Iran, war dieser Laubsänger in lichten Buchenbeständen bei 1500 m, wo auch ein Nest gefunden wurde, und im dichten Gestrüpp an der oberen Baumgrenze (STRESEMANN 1928) besonders häufig. Wie auch bei vielen anderen gebirgsbewohnenden Passeres, deren Ankunft sich über längere Zeit erstreckt, ist der Beginn der Brut von den Höhenlagen und der Hangexposition in einer Region abhängig. Es existieren mitunter zwei Vermehrungszyklen; Beginn von Mitte Mai bis Mitte Juli. — Großer Kaukasus: Baksan-Becken am 20. 5. 1959 ein Nest mit frischen Eiern; am 14. 6. erste Bruten, die Eltern fütterten; 25. 6. ein Nest mit stark bebrütetem Gelege, Schlüpfen am 2. 7., Ausflug der Jungen am 17. 7.; am 10., 11., 14.—22. 7. weitere 10 Bruten, die gefüttert wurden; am 18. 7. ein Nest mit einen Tag alten Jungen, die erst am 3. 8. ausflogen (MOLAMUSOW 1967). Im Teberda-Naturschutzgebiet war 1982 der früheste Gelegebeginn am 7. 6., der späteste am 8. 7. (POLIWANOW u. POLIWANOWA 1986). Bei Sotschi viele flügge Junge von Anfang bis Mitte Juli (SUSCHKIN 1914). Bei Kluchori sah man die ersten ausgeflogenen Jungen vom 24.—29. 7. 1914 (PTUSCHENKO 1954). Bei Balta wurde am 27. 5. 1920 ein Nest mit schwach bebrüteten Eiern gefunden; bei Salgi Flügge am 29. 6. 1921 (BOEHME 1926), bei Scheleznowodsk ein Nest mit stark bebrütetem Gelege am 7. 7. 1913 (ARTOBOLEWSKIJ 1925). Aus dem Kleinen Kaukasus liegen nur spärliche Mitteilungen vor: Umgebung Tetri-Ckaro ausfliegende Junge um den 3. 7. (CWETKOW 1901); im Pambakskij-Gebirge am 22. 7. 1940 einige flügge Bruten (LAISTER u. SOSNIN 1942); im Gebiet von Artwin (Südost-Türkei) am 1. und 8. 7. Junge, deren juvenile Schwanzfedern und äußeren Handschwingen noch nicht ausgewachsen waren (DERJUGIN 1900; Coll. Zool. Inst. Leningrad). Ein Nest vom 1. 6. 1927 aus dem Pishkuh enthielt stark bebrütete Eier (STRESEMANN 1928).

Die Nester haben die für die Gattung *Phylloscopus* typische Form: Eine oben leicht plattgedrückte Kugel mit seitlichem Eingang. Hauptmaterialien sind grünes Moos, Grasstengel, trockenes Laub, als Polster für das Innennest auch eine kleine Menge Pferdehaar und Federn (ARTOBOLEWSKIJ 1925) oder nur Federn (STRESEMANN 1928). Im Teberda-Naturschutzgebiet hatten alle sechs Nester keine Federn in der Auspolsterung, im Unterschied zum Nest von *Ph. collybita*; drei von ihnen waren auf der Erde am Grund hoher Krautpflanzen (*Aconitum*) gebaut, die übrigen in Nischen von Abhängen an kleinen Flußufern und an Felshängen (POLIWANOW u. POLIWANOWA 1986). Eier: Reinweiß; im Vollgelege gewöhnlich 5, seltener 4 Eier (ARTOBOLEWSKIJ 1925, STRESEMANN 1928, MOLAMUSOW 1967). Maße von vier Eiern eines Geleges: 15,25—16,00 × 12,25—12,7 mm (ARTOBLEWSKIJ 1925). Das Nest wird allein vom Weibchen gebaut, das auch die Eier ausbrütet; beide Eltern füttern die Jungen (POLIWANOW u. POLIWANOWA 1986). Nahrung: Insekten und Spinnen. Im Magen eines Weibchens, das bei Sheleznowodsk aus einem Nest mit Eiern am 7. 7. erlegt wurde, befanden sich Raupen, Reste kleiner Käfer und Spinnen (ARTOBOLEWSKIJ 1925); bei Vögeln vom 27. 7. aus dem Pambakskij-Gebirge waren es kleine Käfer (Elateridae, Curculionidae) und Ameisen, *Formica* spec. (DAL 1948). Im Teberda-Naturschutzgebiet enthielten 7 Futterrationen für die Nestjungen: Plecoptera 14,3%; Homoptera (Aphrophorinae, Aphididae) 42,9%; Diptera (*Bibio* sp., Stationyidae, *Platypalpus* sp.) 28,6%; Lepidoptera (Tineidae, Tortricidae, Geometridae, Noctuidae) 57,1%; Araneina 28,6% (POLIWANOW u. POLIWANOWA 1986).

Wanderungen

Zugvogel, der in Süd-Indien, hauptsächlich in Kerala und Tamil Nadu, möglicherweise auch in den Ost-Ghats (ALI u. RIPLEY 1973) und auf Sri Lanka (LEGGE 1880, HENRY 1971) überwintert. Einige Vögel, anscheinend vorwiegend Junge aus frühen Bruten, die eine Teilmauser durchgemacht haben, beginnen beizeiten aus dem Brutgebiet abzuziehen, so daß Abflug und Zug längere Zeit andauern können. Im Westteil des Nord-Kaukasus, im Kaukasus-Naturschutzgebiet, liegt der Abflug von Ende August bis September (AWERIN u. NASIMOWITSCH 1938). Im Teberda-Naturschutzgebiet bilden sich schon Ende Juli bis August große Schwärme (bis zu 100 Stück); zugleich trifft man auch einzelne Vögel und lockere Verbände, in denen die Vögel fast unabhängig voneinander auftreten. Der Abflug beginnt im August, die letzten wurden am 5. 10. 1983 und am 21. 11. 1980 bemerkt.

BAUMGART und FISCHER (1978) trafen diesen Laubsänger zwischen dem 12. und 23. 9. bei 2600—2800 m an. Nach Beobachtungen TKATSCHENKOS (1966) sammelten sie sich gewöhnlich im August daselbst an der oberen Waldgrenze im Birkenwald und zogen dann während des ganzen Septembers bis Mitte Oktober. Im zentralen Nord-Kaukasus, im Baksan-Becken, bemerkte HEPTNER (nach PTUSCHENKO 1954) Verschiebungen nach der Brutzeit bereits vom 27. 7.—3. 8.; der Abflug erfolgt dort im September/Oktober, wobei die letzten in den vergangenen Jahren zwischen dem 25. 10. und 4. 11. verzeichnet wurden (MOLAMUSOW 1967). Bei Tetri-Ckaro, Transkaukasus, verschwinden sie Ende September (CWETKOW 1901); in der Umgebung von Batumi einmal am 21. 10. 1893 gefunden und zwei Exemplare hier am 18. 1. 1894 bei hohem Schnee und einer Temperatur von etwa —3 °C erlegt (WILKONSKIJ 1897).

Bekannt sind Irrgäste aus der Herbst-Winter-Periode auf Helgoland vom 11. 10. 1867 (HARTERT 1907) und vom Januar 1856 auf der Krim (PLESKE 1889).

Junge im ersten Winterkleid konnten bei ihren Streifereien bereits am 27. und 30. 8. bei Sardar-Bulak, Türkei, und am 17. und 20. 8. in Nord-Iran bei Laredshan erlegt werden (Coll. Zool. Inst. Leningrad). Ende August und Anfang September 1953 wurden bei Tire (SE Izmir) Exemplare von *Ph. nitidus* festgestellt (KUMERLOEVE 1958). Im August findet man hauptsächlich die vermausernden Jungen in Gärten, Wäldern, kleinen Laub- oder Wacholder(*Juniperus*)-Wäldern von Nord-Chorasan (Iran) und Süd-Turkmenien (UdSSR). ZARUDNYJ (1896) traf Durchzügler in den Gärten von Achal und Atek im August (alter Stil!). Bekannt sind einzelne Vögel vom 5. 8. aus dem westlichen Kopet-dag bei Tschekan-Kala (DEMENTJEW et al. 1955) und aus der Umgebung von Aschchabad (Coll. Zool. Inst. Leningrad). Vom 11.—15. 8. waren die Vögel am Mittellauf des Tedshen bei Kara-Bend (Coll. Zool. Inst. Leningrad) und im östlichen Kopet-dag recht häufig (ZARUDNYJ 1896). Hier und entlang der Kutschan-Meshed- und der Ferimun-Turbet-Scheich-Dsham-Ebene (ZARUDNYJ 1903 beobachtete z. B. am 23. 10. echte Migration im Tamariskengebüsch bei Rud-i-Achangerun und am 2. 11. in den Gärten von Meschched-Riza) scheint *Phylloscopus nitidus* eine seiner Hauptzugmagistralen in der Afghanistan-Ebene des Harrirud zu erreichen; nach TICEHURST (1938) wurden im Oktober in Nordost-Afghanistan Exemplare erlegt.

Obwohl Fernzieher an Orten mit Baumbestand, wie Gärten, Gehölze oder echte Wälder bis ca. 2400 m in ganz Pakistan und auf der indischen Halbinsel angetroffen werden (ALI u. RIPLEY 1973), konzentrieren sich die Vögel im Herbst und Frühjahr, wie das noch TICEHURST (1938) vertritt, hauptsächlich in bestimmten Teilen dieser Gebiete.

Im September—Oktober wurde *Phylloscopus nitidus* nach Verlassen Afghanistans in beachtlicher Anzahl in Pakistan in der Nordwest-Frontier Province, in Nord-Baluchistan (einige bis 8. 11.; TICEHURST 1938), im Punjab (gewöhnlich im September beim Fort Munro; WAITE 1934; einzelne auch am 28. 11.; TICEHURST 1938) und Sind (die letzten am 9. 11.; TICEHURST 1938) beobachtet, danach aber hauptsächlich im westlichen Indien, nur zum Teil in Uttar Pradesh und Rajastan, vor allem auch im Staat Bombay. Einige Vorläufer erreichen Sri Lanka schon Mitte September (LEGGE 1880, HENRY 1971; Coll. Zool. Inst. Leningrad) und verweilen dort bis Ende März—Anfang April (LEGGE l. c.).

In Indien wurde Ende März normaler, im Laufe des April intensiver Frühjahrszug registriert. Die Winterquartiere von *Phylloscopus nitidus* und *Ph. trochiloides viridanus* Blyth liegen auf der südlichen indischen Halbinsel auf gleichem Territorium. Die Hauptrichtung des Frühjahrszuges verläuft wahrscheinlich überwiegend durch den Ostteil der Halbinsel zum Himalaya (im Osten bis Sikkim) und wendet sich dann nach Nord-Pakistan. Zugbeobachtungen vom 15. 3. aus dem Punjab stammen von TICEHURST (1938), die letzten in der Nordwest-Frontier Province im Gebiet Kolat vom 28. 5. (WHITEHEAD 1909). In Afghanistan wurden bei Kulali am 10. 5. Exemplare erlegt (VAURIE 1954).

Phylloscopus nitidus wurde hauptsächlich in den Ebenen der Gebirgsflüsse und Pässe beobachtet und gelangt mit seiner Hauptmasse aus dem Becken des Kabul-Oberlaufs und seiner Nebenflüsse wahrscheinlich in das Becken des Harirud, dem er dann in westlicher Richtung, mit geringfügigen Abweichungen nach Süden und Norden, folgt. ZARUDNYJ (1903) beobachtete einen recht starken Zug im Harirud-Tal zwischen Pesh-Rabat und Kjafir Kala vom 19.—22. 4.; von hier aus können die Vögel zu den Wäldern am Mittellauf des Tedshen vordringen (Coll. Zool. Inst. Leningrad, 13.—15. 4.). Am 27. 4. wurden einige Exemplare bei Sengun gefunden, doch südlich von Bala-Chaf ist *nitidus* auf dem Zug nur selten gesichtet worden (ZARUDNYJ 1903). ÉRARD u. ETCHÉCOPAR (1970) erwähnen erlegte Exemplare vom 18. 5. aus Zabol (Seistan). Auf dem Zug zum Kopet-dag, in der Talschlucht des Keschefrud bei Sangbast, wurden am 26. 5. ein Weibchen und ein Männchen erlegt; am 28. 5. ein weiterer Vogel bereits nahe seinem Brutgebiet bei Gosh-Ghallen (Bodjnoord) und am 29. 5. im Gebiet Dasht (ÉRARD u. ETCHÉCOPAR 1970).

Weitere Zugvögel wurden am 3. und 4. 5. in der Umgebung von Aschchabad (Coll. Zool. Inst. Leningrad) erbeutet; vom 22. 4.—12. 5. traf ZARUDNYJ Zügler in den Gärten inmitten der Achal-Teke-Ebene an. Im westlicher gelegenen Naturschutzgebiet von Gasan-Kuli am Ufer des Kaspischen Meeres war dieser Laubsänger von Mitte April bis zur ersten Maihälfte recht zahlreich auf dem Zug; die letzten zogen dort am 20. 5. (ISAKOW u. WOROBJOW 1940).

Ein kleiner Teil gelangt nach dem Paropamisus (Afghanistan) am Oberlauf des Murgab, wo er noch in den Wäldern an seinem Mittellauf zu finden ist (Coll. Zool. Inst. Leningrad, 20., 21. 4. Sary-Jaly).

Schließlich ziehen einige Wacholderlaubsänger nach Afghanistan in das Surchab-Becken. MEINERTZHAGEN (1938) erhielt Exemplare vom 26. 4. aus Akrobart (2743 m) und vom 2. 5. aus Doshi (bei 900 m); er beobachtete ein Laubsängerpaar, das er *nitidus* zuspricht, am 29. 4. bei Doab und einige am 12. 5. in den Gärten bei Haibak. Mit später durch die Pässe des Hindukusch ziehenden *Phylloscopus trochilbides viridanus* können vereinzelte *nitidus* entlang des Surchab in den Amu-Darja-Oberlauf gelangen und sich dann zu einigen seiner rechten Nebenflüsse wenden, die Strauch- und Baumbewuchs aufweisen: In der Hissar-Ebene 1 Ex. am 18. 5. 1934 (IWANOW 1940); in der Schirabad-Ebene bei der Siedlung Schurabad am 14. 5. 1964 erlegt; am 20. 5. 1965 am Südost-Hang des Bajsuntau beim Kischlak Kajrak einige „brütende Paare" bemerkt (STEPANJAN 1970). Wie sich herausstellte, hatte er sich durch singende Männchen irritieren lassen, die bekanntlich immer intensiv auf dem Frühjahrszug singen (I.N.). Im nordwestlichen Kugitang, zwischen Tangi-Duwal und Chatak, traf ZARUDNYJ am 27. 5. 1910 ein Paar an (IVANOV 1940), das er anscheinend nach Zeit und Gesang zu schließen, auch als lokal kennzeichnet (I.N.). Im höchstgelegenen Gebirgsteil von Afghanistan-Nuristan fand PALUDAN (1959) *Ph. nitidus* nicht.

Nicht weit entfernt von ihren Brutorten, faktisch noch in den Grenzen des Brutgebiets, wurde im Iran südlich von Kuramabad zum ersten Mal am 3. 5. Gesang von *nitidus* vernommen (STRESEMANN 1928). Bei Resvandeh hörte SCHÜZ (1959) am 29. 4. den Gesang dieser Art. An den Ufern des Talysch (sowj. Azerbaidshan) gelangen weitere Nachweise: Insel Kulagin die ersten vereinzelten Männchen am 19. 4., danach während des ganzen April hier in einzelstehenden Bäumen bis zu 10 Ex.; im Mai nochmals auf der Insel Sara in einem Wäldchen, wo singende Männchen sich in Ulmen niedergelassen hatten (Ex. vom 15. 5.; TUGARINOW 1950).

Überhaupt ist der Zug in Azerbaidshan Mitte April gut ausgeprägt (GAMBAROW 1954) und hält praktisch den ganzen Mai über an (LOSKOT brfl. 1986). Ankunft der ersten an den Brutorten in den Bergen des Großen Kaukasus: Ordshonikidze 9. 4., Pjatigorsk 24. 4. (BOEHME 1958); im zentralen Nord-Kaukasus in einigen Jahren vom 29. 3.—23. 4. (MOLAMUSOW 1967); im Teberda-Naturschutzgebiet die ersten am 7. 5. 1980 und 6. 5. 1982, zahlreich am 10. 5. (POLIWANOW u. POLIWANOWA 1986), in Schluchten der Flüsse Teberda und Gonatschchirja am 8. 5. am Brutplatz (PTUSCHENKO 1954); westlicher, im Kaukasus-Naturschutzgebiet am Fluß Kischa am Ende der ersten Mai-Dekade (AWERIN u. NASIMOWITSCH 1938). Im Kleinen Kaukasus bei Tetri-Ckaro die ersten und zahlreich am 14. 5. (CWETKOW 1901).

XVI · 1989

Phylloscopus reguloides (Blyth)

bearbeitet von

Erika v. Vietinghoff-Scheel

FUNDORTLISTE

Nr.	Fundort		Quelle
1.	Simla (28. IX.)		TICEHURST 1933
2.	Westl. Dhaulagiri-Massiv: Dhorpatan, Bolang, Gompa	A	MARTENS 1980
—	Thakkhola: Tukche, Titi	A	MARTENS 1980
	Marsyandi-Tal	A	MARTENS (brfl. 1987)
3.	Godavari	J	DIESSELHORST 1968
4.	Thodung	B	DIESSELHORST 1968
—	Chordung	A	MARTENS 1980
5.	Dudh Kosi-Tal	B	BISWAS 1974
—	Trongsa	J	LUDLOW u. KINNEAR 1937
6.	Tobrang	A	LUDLOW u. KINNEAR 1937
—	Dong La	A	LUDLOW u. KINNEAR 1937
—	Dib La (10. IX.)		LUDLOW u. KINNEAR 1937
7.	Diwangiri (XI.)		LUDLOW u. KINNEAR 1937
8.	Natrampa	A	LUDLOW u. KINNEAR 1937
9.	Nyug La	A	LUDLOW u. KINNEAR 1937
—	Lhalung	A	LUDLOW u. KINNEAR 1937
10.	Tao-mung-chung	A	GREENWAY 1933
—	Chou-yu-gko	A	GREENWAY 1933
—	Fuchuanshan	A	RILEY 1931
11.	Likiang Mts.	Ac	RILEY 1926
12.	Bonti	Aa	RILEY 1931
—	Muli, Tiya	A	BANGS 1932
—	Noön-Wälder	A	RILEY 1931
—	Baude	A	RILEY 1931
13.	Baurong	A	BANGS 1932
14.	Waschan	A	STRESEMANN 1923
15.	Omeischan	A	STRESEMANN 1923
16.	Gung Tang Goh	A	TRAYLOR 1967
—	Ta Tsai Tsu	A	TRAYLOR 1967
17.	Mautschou	A	STRESEMANN 1923
18.	Loto-pinj	A	BEREZOWSKI u. BIANCHI 1891
19.	Tebbu-Land: Wantsong Ku	A	BANGS u. PETERS 1928
20.	Kwan	A	STRESEMANN 1923
21.	Dawo	A	SCHÄFER u. MEYER DE SCHAUENSEE 1939
22.	Batang	A	STRESEMANN 1923
23.	Tung-la	A	GREENWAY 1933
24.	Gyala	J	LUDLOW u. KINNEAR 1944
25.	Je	A	LUDLOW 1951
26.	Molo	A	LUDLOW u. KINNEAR 1944
27.	Lachen	AJ	SCHÄFER (unveröffentl.)
—	Gangtok	A	SCHÄFER (unveröffentl.)
28.	Langtan	N	INSKIPP u. INSKIPP 1985
29.	Khasia Hills		HARTERT 1921
30	Kambaiti	B	STANFORD u. TICEHURST 1935
31.	Mt. Victoria	ABJc	STRESEMANN u. HEINRICH 1940
32.	Nattaung	Ns	SMYTHIES 1953
33.	Mt. Angka (Ende III.)		GREENWAY 1940
34.	Langbian Peak	J	KINNEAR 1929
35.	Mengtsz	A	ROTHSCHILD 1926
36.	To-pung-schan	A	YEN 1934
37.	Ching Feng Ling (X., XII.)		RICKETT u. LA TOUCHE 1897
38.	Kuatun	B	SLATER 1897
39.	Ichang	A	RICKETT u. LA TOUCHE 1897
40.	zw. Tsingling u. Ta-Pa-Shan		CHENG et al. (unveröffentl.)

LITERATUR

ALI 1962 — Birds Sikkim. London. 232—233.
ALI u. RIPLEY 1948 — J. Bombay Nat. Hist. Soc. 48, 31.
BANGS 1932 — Field Mus. Nat. Hist. 314, Zool. Ser., 18/11, 364.
BANGS u. PETERS 1928 — Bull. Mus. Comp. Zool. Harvard 68/7, 358.
BEREZOWSKI u. BIANCHI 1891 — Aves Exped. Potanini Gan-su. St.-Petersb. 83.
BISWAS 1974 — J. Bombay Nat. Hist. Soc. 71, 456.
DEIGNAN 1946 — Notulae Naturae 173, 12—13.
DEIGNAN 1963 — Checklist Birds Thailand. Washington. 174—175.
DELACOUR u. JABOUILLE 1927 — Rech. orn. dans Laos, Annam. Paris. 155.
DELACOUR, JABOUILLE u. LOWE 1928 — Ibis (12) 4, 304.
DICKINSON 1967 — Nat. Hist. Bull. Siam Soc. 22, 176.
DIESSELHORST 1968 — Khumbu Himal. Innsbruck-München. 2, 282—284.
FU 1937 — Étude Ois. Ho-Nan. Langres. 119.
GREENWAY 1933 — Bull. Mus. Comp. Zool. Harvard 74/5, 146.
GREENWAY 1940 — Bull. Mus. Comp. Zool. Harvard 87/3, 189.
HARTERT 1921 — Vögel paläarkt. Fauna. Berlin. 3, 2139.
INSKIPP u. INSKIPP 1985 — Guide Birds Nepal. London-Sydney. 278.
KINNEAR 1929 — Ibis (12) 5, 317—318.
LA TOUCHE 1923 — Ibis (11) 5, 405.
LUDLOW 1951 — Ibis 93, 563.
LUDLOW u. KINNEAR 1937 — Ibis (14) 1, 288.
LUDLOW u. KINNEAR 1944 — Ibis 86, 201.
MARTENS 1980 — Fortschr. Verh.-Forsch. (Beitr. Zool., Tierpsychol. 22), 18—23.
RICKETT u. LA TOUCHE 1897 — Ibis (7) 3, 602; 608.
RILEY 1926 — Proc. Unit. States Nat. Mus. 70/5, 42—43.
RILEY 1931 — Proc. Unit. States Nat. Mus. 80/7, 64.
RIPLEY 1950 — J. Bombay Nat. Hist. Soc. 49, 402.
ROTHSCHILD 1926 — Novit. Zool. 33, 286.
SCHÄFER u. MEYER DE SCHAUENSEE 1939 — Proc. Acad. Nat. Sci. Philadelphia 40, 233.
SLATER 1897 — Ibis (7) 3, 170.
SMYTHIES 1953 — Birds Burma. Edinb.-London. 201—202.
STANFORD u. TICEHURST 1935 — Ibis (13) 5, 261.
STRESEMANN 1923 — Abh. Ber. Mus. Tierk. Völkerk. Dresden 16/2, 14.
STRESEMANN u. HEINRICH 1940 — Mitt. Zool. Mus. Berlin 24, 193.
TICEHURST 1933 — Bull. Brit. Orn. Cl. 54, 19.
TICEHURST 1938 — Genus Phylloscopus. London. 163—175.
TRAYLOR 1967 — Fieldiana: Zool. 53/1, 37.
VAURIE 1954 — Amer. Mus. Novit. 1685/9, 23.
YEN 1934 — J. Orn. 82, 390.

Briefliche Auskunft erteilte J. MARTENS (Nepal).

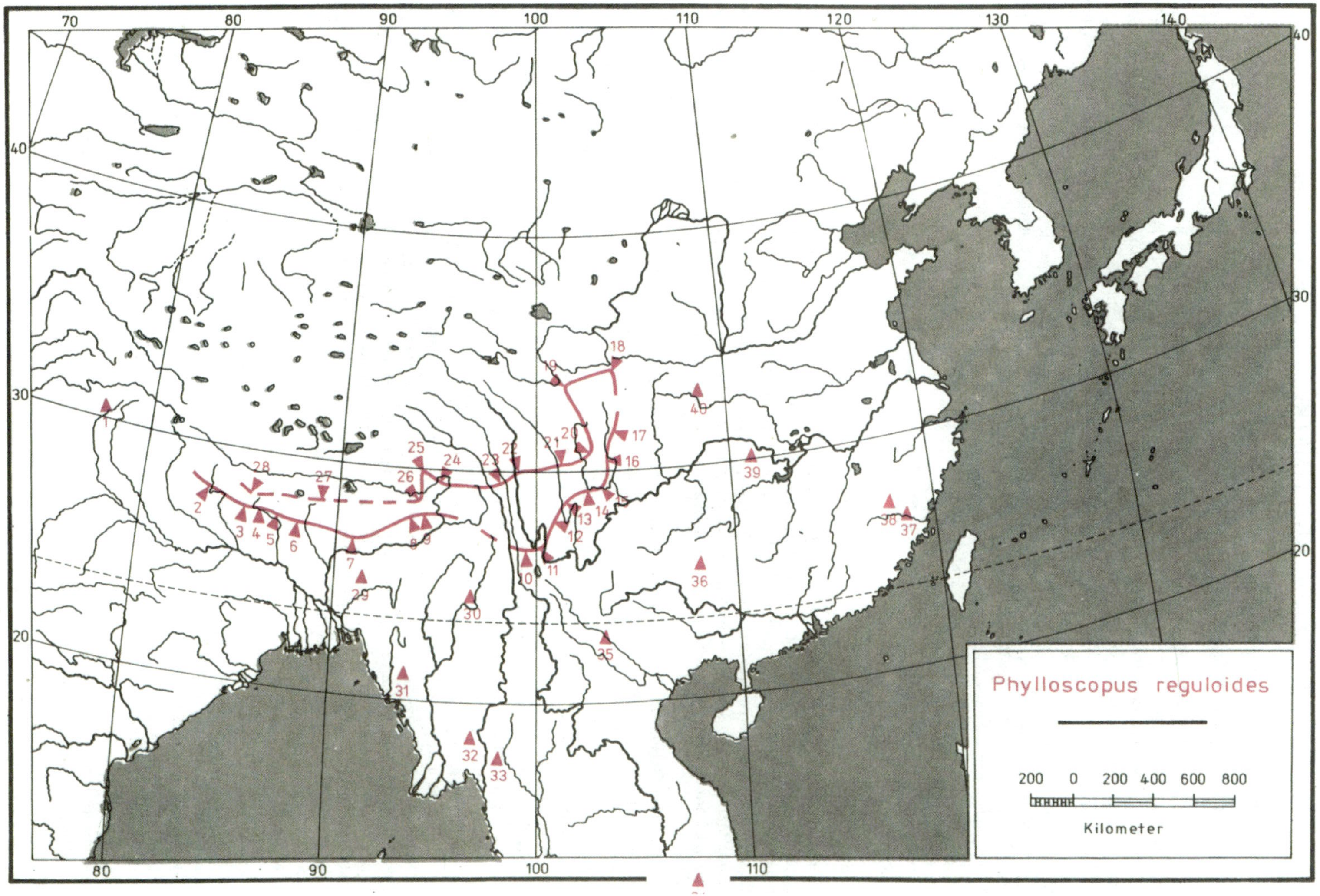
Phylloscopus reguloides
200 0 200 400 600 800
Kilometer

Phylloscopus reguloides (Blyth)

Streifenkopf-Laubsänger

Verwandtschaft und Gliederung

Üblicherweise werden vier Unterarten unterschieden, die von Kashmir bis Szechuan reichend als *Phylloscopus r. kashmiriensis* Ticehurst, *Ph. r. reguloides* Blyth, *Ph. r. assamensis* Hartert und *Ph. r. claudiae* (La Touche) bekannt sind. Nach VAURIE (1954) scheint es allerdings angeraten zu sein, nur drei Unterarten zu nominieren, da *assamensis* verhältnismäßig schwierig von *Ph. r. reguloides* zu unterscheiden ist, was auch TICEHURST (1938) bestätigt. Dennoch behält dieser jene Einteilung bei und nimmt für *assamensis* als Brutgebiet die Khasia Hills und weitere Höhenzüge in Assam und Manipur, sowie Südost-Tibet und das Grenzgebiet von Yunnan und Südwest-Szechuan an, wo er in die Zone von *claudiae* reicht; weiterhin die Kachin Hills in Nord-Burma und vielleicht die angrenzenden Teile der Shan-Staaten, den Mt. Victoria und die Chin Hills. — VAURIE (1959) vertritt folgende Auffassung: *Ph. r. kashmiriensis*, im Westen beginnend, erstreckt sich über Kashmir ostwärts bis Gharwal und Kumaon; daran schließt sich die Nominatform an, die Nepal, Sikkim, Bhutan und die angrenzenden Teile des südlichen Tibet, „Assam Himalayas" und Sikang bewohnt und weiter reicht bis nach Nord-Yunnan und den benachbarten Teilen von Burma südlich bis etwa zu den Shan States, den Gebirgen südlich des Brahmaputra (Kharia Hills usw.) und den Chin Hills. — *Ph. r. claudiae* von Ost-Sikang östlich bis West- und Nord-Szechuan, Süd-Kansu und vielleicht auch noch im Tsingling-Gebirge und den Bergen Hupehs.

Als „extralimital" rangieren noch *Ph. r. fokiensis* Hartert (Berge in Fokien und Kwangsi) und *Ph. r. ticehursti* (Langbian Peaks/ Annam).

Oekologie

Der Streifenkopf-Laubsänger ist ein typischer Waldvogel, der die Montanwälder des himalayanischen Mittellandes in der Stufe der immergrünen Höhen- und Nebelwälder bewohnt (DIESSELHORST 1968), der aber auch noch im oberen Teil des tropisch immergrünen Bergwaldes zu finden ist und sich während der Brutzeit nur dort aufhält. — MARTENS (brfl. 1987) berichtet für Nepal: „Vertikalverbreitung: Von etwa 1800 m (bei Landrung Modi—Khola-Tal, 8. 5. 1980) bis 3660 m (bei Thankur, 5. 5. 1970), beiden Extrem-Daten nach singende Männchen zur Brutzeit. — Biotope: Wald, offen bis geschlossen: *Picea smithiana*, *Abies spectabilis*, *Pinus wallichiana* (= *excelsa*), alle Formationen oft mit *Betula* und Baumrhododendren untermischt, Laubwälder in den unteren Lagen, bisweilen *Quercus* bestandsbildend".

In der tibetischen Region werden bevorzugt die Laubwaldgebiete aus Birke, Pappel, Weide und Walnuß, zwischen den dunklen Nadelwäldern gelegen, bewohnt. Beliebt sind die hohen Baumwipfel entlang der Flüsse innerhalb der tiefen Wälder (SCHÄFER u. MEYER DE SCHAUENSEE 1939). — Nach WEIGOLDS Feststellungen (STRESEMANN 1923) ist der Streifenkopf-Laubsänger eine der selteneren Arten gewesen, der Ende April zwischen Meisen und Laubsängerschwärmen bei Kwan in 800—900 m Höhe angetroffen wurde, und der im Min-Tal nur bis ca. 2300 m steigt, im Süden jedoch wesentlich höher: Am Omeishan in der immergrünen Zone, bei Tatsienlu bis ca. 2800 m, bei Batang noch höher. — Ein häufiger Brutvogel ist *Ph. reguloides* am Mt. Victoria, wo man ihn zwischen 2—3000 m im Laub- und Nadelwald, hier aber zumeist im Gezweig der jüngeren Bäume, antrifft (STRESEMANN u. HEINRICH 1940). Die ersten flüggen Jungen wurden dort bereits am 13. Mai beobachtet; in Nepal Nestbau am 14. 5. von MARTENS (brfl. 1987) festgestellt. Das Nest in Kugelform mit seitlichem Eingang war auf einem waagerechten Tannenast 3—4 m über dem Boden angebracht. — Aus Sikkim erwähnt ALI (1962), die Nester seien am Boden gebaut, in einer Höhle oder zwischen Steinen zu finden, aus Moos und Gras gefügt und mit Haaren und Wolle vermischt. Das Gelege besteht aus 4 bis 5 weißen Eiern. Ähnliche Angaben finden sich bei LUDLOW u. KINNEAR (1944), die ein Nest von Molo beschreiben, das ausschließlich aus grünem Moos bestand und in einer Höhle am Grund eines dichten Waldes etwa „24 inches" vom Eingang entfernt lag. — Die anscheinend frühesten Nestfunde belegt SMYTHIES (1953) aus Burma. Zwei Nester vom 13. 4. bei Nattaung enthielten Junge kurz vor dem Ausfliegen. Es waren kompakte Gebilde ausschließlich aus Moos, filzartig und am Boden unter Grasbüscheln an Berghängen gebaut. Die Jungen wurden mit Raupen und Insekten gefüttert. *Cuculus saturatus* und *C. poliocephalus*-Eier sind häufig in den Nestern von *Ph. reguloides* zu finden.

Wanderungen

Ph. reguloides ist Zugvogel, dessen Wanderungen im Osten des Areals ausgeprägter erscheinen. In Südost-Yunnan bei Mengtsz wurden die Zügler auffällig häufig ab Anfang September bis 21. Oktober beobachtet. Die Rückkehr erfolgte um den 8. März und hielt bis ungefähr 24. April an (LA TOUCHE 1923). — Für Thailand sind Wintergäste von Chiang Rai, Chaiya Prakan, Chiang Mai, Lamphun (nördl. Plateau) und von der nordwestlichen Region des Ostplateaus aus Loei gemeldet (DEIGNAN 1963); 1 Exempl. aus Khao Yai vom 25. 10. 1966 gilt als Erstnachweis für Ost-Thailand (DICKINSON 1967). — Für Laos einige Exemplare vom März aus Kontoun (DELACOUR u. JABOUILLE 1927) und im nördlichen Siam von November (Ban Samoeng) bis April (Doi Angka), von Dezember bis Februar aus Doi Suthep (DEIGNAN 1946).

Weitere Funde, z. T. Einzelstücke, werden u. a. aus den Mishmi Hills (Sadiya 2. 12.) von ALI u. RIPLEY (1948), aus Tam-Da, nördl. Hanoi, am 25. 11. von DELACOUR et al. (1928) gemeldet. — Als häufiger Zügler bezeichnet FU (1937) diesen Laubsänger auch für die Provinz Ho-Nan zwischen September bis Oktober. — Nepal: Nachweise liegen aus dem westlichen Terai vom Dezember und vom Chandragiri-Paß von Dezember bis April vor (RIPLEY 1950).

XVI · 1989

Turdus boulboul (Latham)

bearbeitet von

KLAUS WUNDERLICH

FUNDORTLISTE

Fundort		Quelle
1. Murree	ABc	Sharpe 1891, Rattray 1905, Whistler 1930, Ali 1962, Inskipp u. Inskipp 1985
— bei Riwat (17. III.)		Whistler 1930
2. Thandiani — Hazara Distr.	ABNc	Magrath 1908, Whistler 1928
3. Jammu	A	Ward 1906
4. Theog	A	von Pelzeln 1868
— Kotegurh	A	von Pelzeln 1868
— nahe Dia (= Dea = Dhar)	A	Tytler 1868
5. Mussoorie	AJ	Brooks 1875, Rand u. Fleming 1957
— Landour	A	Brooks 1875
— Kauria-galia	A	Brooks 1875
6. Tungnath mts.	Bc	Lavkumar 1956
— Vanyakund	A	Lavkumar 1956
7. Naini Tal (II.)	c	Meinertzhagen 1927
— Bheem Tal	N	Brooks 1869
— bei Binsur	J	Brooks 1869
8. Tansen	A	Fleming 1959
9. Pokhara	A	Fleming 1959
— Bobang (S Dhorpatan)	B	Martens brfl. 1989
— Deorali	A	Biswas 1961
10. on Sheopuri	BNc	Scully 1879, Proud 1949, Fleming et al. 1979, Inskipp u. Inskipp 1985
— bei Gokarna	B	Ripley 1950
— Fuß Chandragiri Ridge (4. III.)		Diesselhorst 1968
— Thankot	A	Biswas 1961
— bei Jahar Powah	B	Inskipp u. Inskipp 1985
— Chandragiri-Paß	B	Ripley 1950
11. Gebiet Bigu	A	Diesselhorst 1968
12. Hongu-Tal	↓ B	Biswas 1961, 1974
— zw. Mure u. Hurure	A	Martens brfl. 1989
— Yamputhin	A	Martens brfl. 1989
— Mai Pokhari	A	Martens brfl. 1989
13. Sikkim (u. a. Gangtok, Temi, Kewzing, Chungtang, Karponang)	ABJ	Ali 1962, Fleming et al. 1979, Schäfer unveröffentl.
14. Gebiet Darjeeling	Ac	Lister 1954
15. Tobrang (29. VIII.)		Ludlow u. Kinnear 1937
— Trashiyangsi-Tal	A	Ludlow u. Kinnear 1937
16. Miri Hills	↓ B	Ali 1962
17. Dafla Hills	A	Betts 1956
18. Abor Hills	↓ B	Ali 1962
19. Naga Hills	A	Baker 1894
20. N-Cachar	B	Baker 1894, Ali u. Ripley 1983
21. Khasia Hills	↓ s	Baker 1907
22. Manipur	A	Brooks 1875, Whistler 1928
23. nahe Sadon (5. III.)		Ticehurst 1935
24. N-Laos	A	King u. Dickinson 1980
25. Mengtsz (= Mengzi), 27. I.	↓	La Touche 1923
26. Fan-si-pan	As	Delacour 1930, Delacour u. Jabouille 1931, King u. Dickinson 1980
27. Yao Shan	A	Cheng 1976, Meyer de Schauensee 1984

Anmerkungen

Zu P. 12:
Alle Beipunkte liegen südöstlich davon, teils nahe der Grenze von Sikkim; entsprechende Informationen erreichten uns nach Fertigstellen der Karte.

Zu P. 16 u. 18:
Ali (1962) zufolge dort wahrscheinlich Brutvogel.

Zu P. 21:
Nach Baker (1907) vielleicht resident.

Zu P. 25:
La Touche (1923) bezweifelt den Status Standvogel nicht.

LITERATUR

Ali 1962 — Birds of Sikkim. London. 269—270.
Ali 1979 — Birds of the Eastern Himalayas. Delhi-London-New York. 211—212.
Ali u. Ripley 1983 — Birds of India and Pakistan. Delhi-Oxford-New York. 606—607.
Baker 1894 — J. Bombay Nat. Hist. Soc. 9, 137.
Baker 1907 — J. Bombay Nat. Hist. Soc. 17, 959.
Betts 1956 — J. Bombay Nat. Hist. Soc. 53, 405.
Biswas 1961 — J. Bombay Nat. Hist. Soc. 58, 675—676.
Biswas 1974 — J. Bombay Nat. Hist. Soc. 71, 480.
Brooks 1869 — Ibis 5, 51.
Brooks 1875 — Stray Feathers 3, 237.
Cheng 1976 — Distrib. List of Chinese Birds (Rev. Ed.). Peking. 591—592.
Delacour 1930 — Ibis 6 (12), 578.
Delacour u. Jabouille 1931 — Les Oiseaux de l'Indochine Française. 3. Paris. 126—127.
Diesselhorst 1968 — Khumbu Himal. Innsbruck-München. 328.
Fleming 1959 — J. Bombay Nat. Hist. Soc. 56, 579.
Fleming, Fleming u. Bangdel 1979 — Birds of Nepal. Kathmandu. 268.
Hume 1888—1889 — Stray Feathers 11, 128.
Inskipp u. Inskipp 1985 — Guide to the Birds of Nepal. London-Sydney. 259.
King u. Dickinson 1980 — Birds of South-East Asia. London. 348.
Kinnear 1929 — Ibis 5 (12), 310.
La Touche 1923 — Ibis 5 (11), 370.
Lavkumar 1956 — J. Bombay Nat. Hist. Soc. 53, 322.
Lister 1954 — J. Bombay Nat. Hist. Soc. 51, 39—40.
Ludlow u. Kinnear 1937 — Ibis 1 (14), 275.
Magrath 1908 — J. Bombay Nat. Hist. Soc. 78, 291.
Meinertzhagen 1927 — Ibis 3 (12), 578.
Meyer de Schauensee 1984 — The Birds of China. Oxford. 362.
von Pelzeln 1868 — Ibis 4, 313.
Proud 1949 — J. Bombay Nat. Hist. Soc. 48, 703.
Rand u. Fleming 1957 — Fieldiana 41, 161—162.
Rattray 1905 — J. Bombay Nat. Hist. Soc. 16, 657.
Ripley 1950 — J. Bombay Nat. Hist. Soc. 49, 389.
Scully 1879 — Stray Feathers 8, 285.
Sharpe 1891 — Second Yarkand Mission. Aves. London. 92.
Smythies 1953 — Birds of Burma. Edinburgh-London. 125—126.
Ticehurst 1935 — Ibis 5 (13), 253.
Tytler 1868 — Ibis 4, 198.
Tytler 1869 — Ibis 5, 125.
Ward 1906 — J. Bombay Nat. Hist. Soc. 17, 482.
Whistler 1928 — Handb. of Indian Birds. London-Edinburgh. 89—90.
Whistler 1930 — Ibis 6 (12), 90.

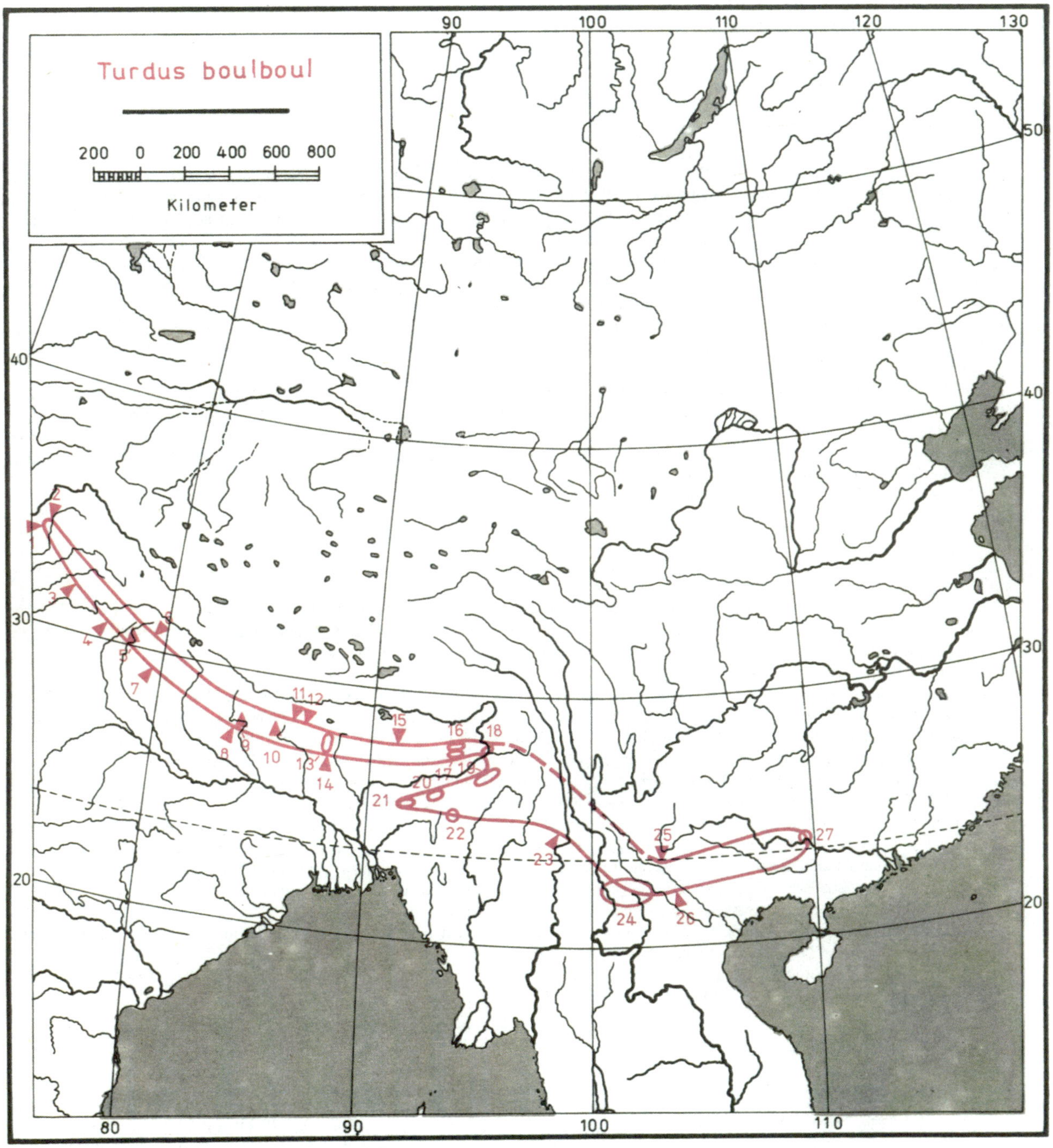
Turdus boulboul
200 0 200 400 600 800
Kilometer
90
100
110
120
130
50
40
30
20
80
90
100
110
1
2
3
4
5
6
7
8
9
10
11
12
13
14
15
16
17
18
19
20
21
22
23
24
25
26
27

Turdus boulboul (Latham)

Grauflügeldrossel

Verbreitung

Wohl monotypisch, auch wenn 1932 Kwangsi-Stücke als *T. b. yaoschanensis* Yen subspezifisch gesondert worden sind. HUME (1888—1889) fiel auf, daß 2 Assam-Exemplare (wie Sikkim-Vögel auch) dunkler waren als Drosseln aus dem Simla-Gebiet. TICEHURST (1935) konstatierte Gleiches bei einem ♀ aus dem frühen März NE-Burmas (nahe Sadon; P. 23). Allen nutzbaren Quellen ließ sich jedoch keinerlei Bestreben entnehmen, solche geringfügigen Unterschiede für taxonomische Differenzierung zu verwenden.

T. boulboul, als typische Drossel charakterisiert und als „charming songster" des Himalaya allenthalben gerühmt, ist über eine West-Ost-Distanz von etwa 3500 km vom mittleren Nord-Pakistan über Nord-Indien, Nepal, Sikkim, ganz Bhutan, Teile Assams, Nord-Laos, Nord-Vietnam bis Mittelsüdchina (Süd-Jünnan, Süd-Kwangsi) verbreitet. Der Status (als Brutvogel) in Nord-Burma ist unsicher (vgl. SMYTHIES 1953). Das Ostareal (jenseits von Arunachal Pradesh) ist teils seit Jahrzehnten unzureichend dokumentiert. DELACOUR und JABOUILLE (1931) nennen den Vogel nach Osten zunehmend selten. In der Grenzziehung an der NE-Peripherie folgen wir CHENG 1976 (ibid. p. 592).

Was das vertikale Vorkommen angeht, so siedelt *T. boulboul* allgemein unterhalb seines hochmontanen Gattungsgenossen *albocinctus* (siehe Lfg. 15) — LUDLOW und KINNEAR (1937) vermerken, daß in Bhutan und angrenzenden (tibetischen) Bereichen sich die Vorkommen beider bei 8000—9000 ft. überlappen. Als Obergrenze werden 3000 m (und etwas darüber) angegeben, die Untergrenze sommerlicher Verbreitung dürfte zwischen 1200 und 1800 m verlaufen. Für Nepal gibt MARTENS (brfl. 1989) an, daß kaum unter 1860 m gebrütet werde, „Obergrenze sicher deutlich unter 3000 m".

Spezialkarte der Verbreitung bei CHENG (1976).

Oekologie

Ein zuweilen häufiger, ruhiger, ziemlich scheuer, überwiegend Wälder bewohnender typischer „black bird", dessen ♂♂ in der Saison besonders während der Morgen- und Abenddämmerung gewöhnlich von der Spitze hoher Bäume mit weitem Rundblick herab ihre abwechslungsreichen, weichen Gesänge vortragen. Obwohl sonst sozial, sind die Vögel in der Brutperiode auffallend aggressiv und unduldsam gegen Artgenossen.

Im mittleren Nepal wurde die Art in feuchten immergrünen gemischten Eichen- und Rhododendron-Wäldern bei 7000 ft. gesehen (RIPLEY 1950, ALI 1979). Auch für Sikkim (ALI 1962) wird die Habitatpräferenz mit Wald aus Eichen, Rhododendren usw., teilweise Flüssen benachbart, umrissen. Im Khumbu Himal vereinzelt an Waldrändern, auf Lichtungen in der Montanwaldzone der Mittellandketten registriert, am 4. März in Bambusgruppen am Fuß der Chandragiri Ridge bei 1500 m (DIESSELHORST 1968).

DELACOUR und JABOUILLE (1931) bestätigen für das periphere Tonkin den Waldvogel-Status.

Die Fortpflanzungsperiode währt (lt. ALI u. RIPLEY 1983) vom März bis in den August, „normal" — gemäß WHISTLER (1928) — von Mai bis Juli. Vollgelege besteht aus 2—4 Eiern — deren Färbung und Maße siehe bei BROOKS (1869), WHISTLER (1928), ALI (1962), INSKIPP und INSKIPP (1985). Nestbau und Versorgen der Jungen geschehen durch ♀ und ♂. Brüten vermutlich nur durch das ♀; die Bebrütungsdauer ist unbekannt. Das Nest ist meist plaziert in moosbedeckten Astgabeln oder Baumstümpfen in Bodennähe, auf Böschungen, in Wurzeltellern vom Sturm geworfener Bäume, mitunter auch an Felsgesimsen und -abstürzen. GAMMIE (fide ALI 1962) fand in Sikkim die Stümpfe umgesägter *Ficus*-Bäume als Neststandorte bevorzugt.

Die Nester sind ziemlich kompakte becherförmige Gebilde aus Wurzeln und Gras, manchmal innen mit Schlamm, feinerem Wurzelwerk und Halmen verfestigt, außen reichlich mit grünem Moos verkleidet.

Nahrung wird meist am Boden gesucht und erworben. Es werden Würmer, Larven, Insekten, herabgefallene Früchte und Samen aufgenommen. Der Vogel vermag auch, große Mengen verschiedener Früchte und Beeren von den Bäumen zu holen.

Wanderungen

Stand- und Strichvogel. Winterlichen Unbilden (von November bis März) weicht *T. boulboul* meist vertikal aus. Lebt dann im Westhimalaya zwischen 1200 und 2100 m, streift mitunter bis in die Vorberge, sogar auf angrenzende offen bewaldete „plains" (Salt Range, Lahore, Ludhiana, Chandigarh, Ambala) und ist manchmal Irrgast noch weiter im Süden (Bharatpur, Rajasthan). Nepal-Vögel sind winters hauptsächlich 1400—1980 m hoch anzutreffen, kommen gelegentlich auch bis ins „terai" herab. Im winterlichen Sikkim von den niedrigsten Erhebungen bis ca. 6000 ft., in Bhutan von etwa 1800 m bis in die Vorberge, auch in die Ebenen von Nordbengalen (z. B. Jalpaguri duars). Dann werden Sekundärwälder, Gebüschdschungel, die Randlagen dörflicher Ansiedlungen besucht. In Nord-Thailand nur seltener Wintergast. Vom Ostrand des Areals sind keine analogen Daten verfügbar.

XVI · 1989

Luscinia brunnea (Hodgson)

bearbeitet von

Erika v. Vietinghoff-Scheel

FUNDORTLISTE

Nr.	Fundort	Status	Quelle
1.	Safed Koh	As	WHITEHEAD 1909
2.	Murree Hills	Ac	WHISTLER 1930
3.	Gulmarg	NJ	OSMASTON 1923
4.	bei Islamabad	A	CORDEAUX 1888
5.	Kareri-See	ABc	WHISTLER 1926
6.	Mussoorie	A	RAND u. FLEMING 1957
7.	Garhwal	NJ	OSMASTON 1923
8.	Dolpo District	A	MARTENS (brfl. 1987)
—	Thankur	A	MARTENS (brfl. 1987)
9.	Dhorpatan	A	MARTENS (brfl. 1987)
10.	Phulchowk (IV.)	Ac	RAND u. FLEMING 1957
11.	Katmandu-Tal	A	RIPLEY 1950, MARTENS (brfl. 1987)
—	Chandragiri-Paß	Ac	RIPLEY 1950
—	Gokarna	Ac	RIPLEY 1950
12.	Ting Sang La	B	DIESSELHORST 1968
—	Bigu	B	DIESSELHORST 1968
—	Harkhate Gairi	B	DIESSELHORST 1968
—	Thodung	B	DIESSELHORST 1968
13.	Damthang	N	LUDLOW u. KINNEAR 1937
14.	Haka	N	SMYTHIES 1953
15.	Mt. Victoria	ANa	STRESEMANN u. HEINRICH 1940
—			
16.	Tengyueh District	A	ROTHSCHILD 1926
—	Yangtze-Tal	A	ROTHSCHILD 1926
—	T'ong-Shān	A	ROTHSCHILD 1921
17.	Likiang Mts.	AJa	RILEY 1926
18.	Waschan	A	KLEINSCHMIDT 1923
19.	Kwanhsien	A	KLEINSCHMIDT 1923
20.	Io-dzanj-pu	AJ	BEREZOWSKI u. BIANCHI 1891
21.	Pemakochung	B	LUDLOW 1951
22.	Lachen, Lachung	B	ALI 1962
23.	Laptang	A	VAURIE 1972
—	Trisuli-Tal b. Dhunghe	A	MARTENS (brfl. 1987)
24.	S Dhaulagiri (zw. Chitre u. Ghandrung)	A	MARTENS (brfl. 1987)
25.	Chadziou Khola	A	MARTENS (brfl. 1987)
26.	Sonamurg	AcN	DAVIDSON 1898
—	Gund	AcN	DAVIDSON 1898
—	zw. Gund u. Gaggan Gir	Ac	OSMASTON 1930
27.	Thandiani	BN	WHISTLER 1930
28.	Pashki	AB	PALUDAN 1959
—	Stiewe	B	PALUDAN 1959
—	Sensa	A	LÖHRL u. THIELCKE 1969

LITERATUR

ALI 1942 — J. Bombay Nat. Hist. Soc. 52, 36.
ALI 1962 — Birds Sikkim. Madras. 246—247.
ALI u. WHISTLER 1935 — J. Bombay Nat. Hist. Soc. 38, 282—284.
BAKER 1906 — Ibis (8) 6, 107.
BATES u. LOWTHER 1952 — Breeding Birds Kashmir. London. 54—56.
BEREZOWSKI u. BIANCHI 1891 — Aves Exped. Potanini Gan-su. St.-Petersb. 96.
CORDEAUX 1888 — Ibis (5) 6, 225.
DAVIDSON 1898 — Ibis (7) 4, 10—11.
DIESSELHORST 1968 — Khumbu Himal. Innsbruck-München. 2, 291—292.
HENRY 1955 — Birds Ceylon. London. 24.
KLEINSCHMIDT 1923 — Abh. Ber. Mus. Tierk. Völkerk. Dresden 16/2, 44.
LEWIS 1898 — Ibis (7) 4, 531.
LÖHRL u. THIELCKE 1969 — Bonn. Zool. Beitr. 1, 86.
LUDLOW 1951 — Ibis 93, 558.
LUDLOW u. KINNEAR 1937 — Ibis (14) 1, 264.
OSMASTON 1923 — Ibis (11) 5, 233—234.
OSMASTON 1930 — J. Bombay Nat. Hist. Soc. 34, 113.
PALUDAN 1959 — Vidensk. Medd. Dansk Nat. hist. Foren. 122, 188—189.
RAND u. FLEMING 1957 — Fieldiana: Zool. 41/1, 149.
RILEY 1926 — Proc. Unit. States Nat. Mus. 70/5, 39.
RIPLEY 1950 — J. Bombay Nat. Hist. Soc. 49, 386.
ROTHSCHILD 1921 — Novit. Zool. 28, 27.
ROTHSCHILD 1926 — Novit. Zool. 33, 250.
SMYTHIES 1953 — Birds Burma. Edinburgh-London. 103—104.
STRESEMANN u. HEINRICH 1940 — Mitt. Zool. Mus. Berlin 24/2, 227—228.
VAURIE 1959 — Birds palearct. Fauna. Passeriformes. London. 386.
VAURIE 1972 — Tibet and its Birds. London. 292.
VOOUS 1977 — Ibis 119, 238.
WHISTLER 1926 — Ibis (12) 2, 548.
WHISTLER 1930 — Ibis (12) 6, 84.
WHISTLER u. KINNEAR 1932 — J. Bombay Nat. Hist. Soc. 36, 67—68.
WHITEHEAD 1909 — Ibis (9) 3, 110.

Briefliche Auskunft erteilte J. MARTENS (Nepal).

Luscinia brunnea (Hodgson)

Orangenachtigall

Verwandtschaft

Dem System von VAURIE (1959) und VOOUS (1977) folgend, reihen wir *Luscinia brunnea* (Hodgson) zwischen *L. pectardus* (David u. Oustalet) und *L. cyane* (Pallas) ein.

Gliederung und Verbreitung

Es ist anzunehmen, daß die von uns gezeigte Verbreitung nicht komplett ist, da wir bislang über keine aktuellen Nachweise aus dem chinesischen und burmesischen Gebiet verfügen. Dank der Mitteilung von MARTENS (brfl. 1987) können wir für Nepal die neuesten Fundorte bekannt geben. Beginnend im Safed Koh zieht sich das Verbreitungsgebiet der Nominatform südlich entlang der Himalaya-Kette im schmalen Bogen nach Osten bis nahe dem 90. Längengrad, weiter ostwärts sind nur die wenigen Fundorte als Einzelpunkte zu verzeichnen. — *Luscinia brunnea wickhami* (Baker) gilt als seßhaft für den Mt. Victoria (Chin Hills; STRESEMANN u. HEINRICH 1940).

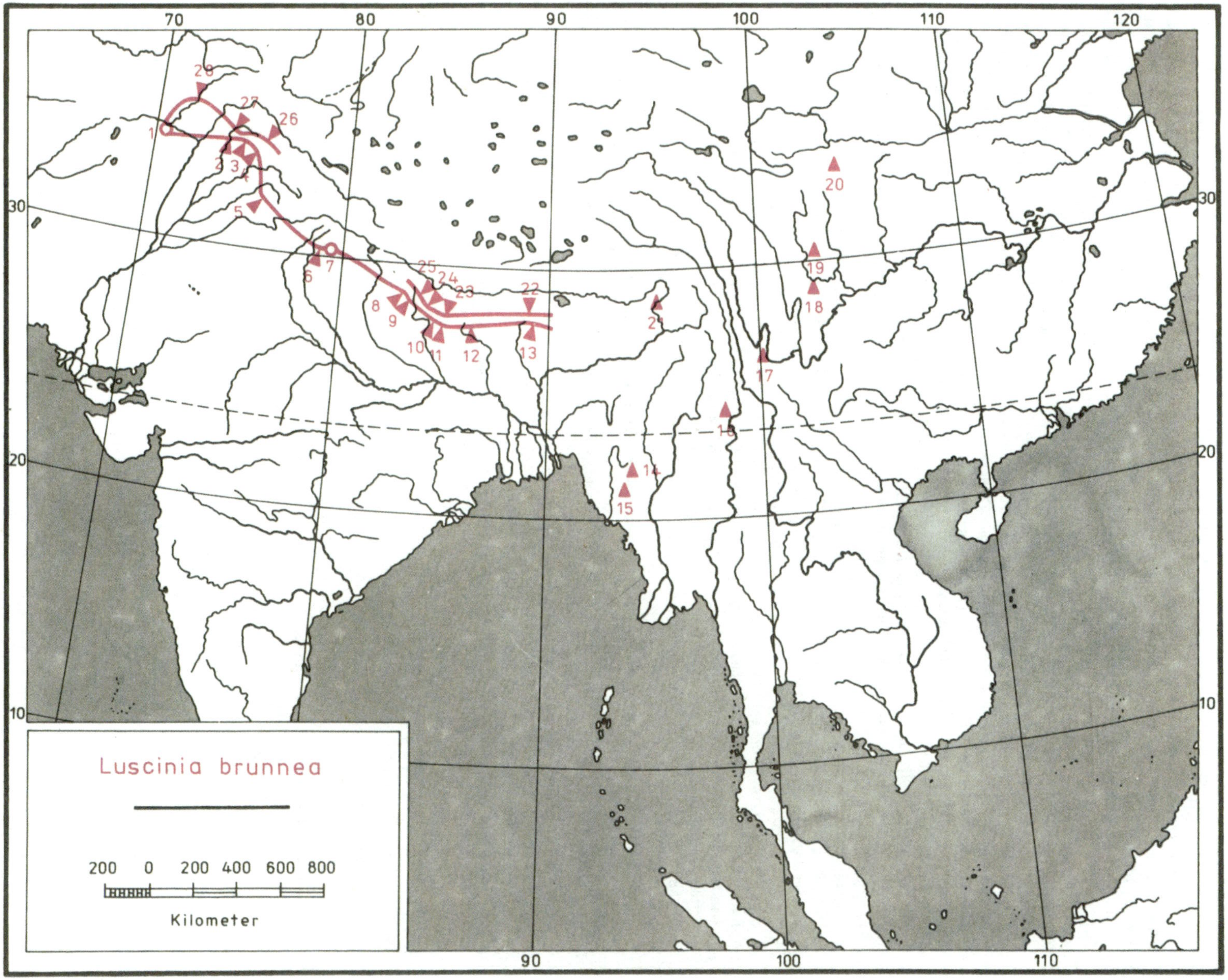

Luscinia brunnea
200 0 200 400 600 800
Kilometer

Oekologie

Im Verhalten von *Luscinia brunnea* vereinigen sich die Eigenschaften eines Boden- und Baumvogels, der einzeln oder als Paar scheu hauptsächlich durch das dichte Gebüsch in Bodennähe huscht, aber mitunter auch in etwas höheren Buschschichten beobachtet werden kann.

Territorial aufgegliedert ergibt sich folgendes oekologisches Bild: Nach BATES u. LOWTHER (1952) gilt *Luscinia brunnea* als häufiger Sommervogel für Kashmir, der sich hier bei ca. 2000—3000 m Höhe in seinem Brutrevier befindet, während er im südlicher gelegenen Kangra-District schon in größeren Höhen, bei ca. 3500 m in den Dickichten von Zwergrhododendron in Kashu-Eichenwäldern sehr häufig war. Die Ankunft hier setzte im zeitigen Mai ein (WHISTLER 1926). Im Khumbu Himal-Gebiet scheint nach DIESSELHORSTS Beobachtungen (1968) das Brutgebiet innerhalb der Stufe des immergrünen Höhen- und Nebelwaldes zu liegen, da er *L. brunnea* zur Brutzeit weder in tieferen Lagen (um 2000 m) noch in den subalpinen *Abies webbiana—Betula utilis*-Wäldern des hohen Khumbu angetroffen hat, ihn aber als einzigen Vertreter der *Luscinia-Tarsiger-Erithacus*-Verwandtschaft in Eichen-Rhododendron-Montanwäldern bei 3000 m vermerkte. Die Brutpopulationen scheinen recht dünn vertreten zu sein, die Territorien der einzelnen Paare liegen weit voneinander entfernt. Die singenden Männchen sitzen meist tief im Gebüsch verborgen, entweder auf einem Baumstumpf oder auf dem Boden. Erstaunlicherweise sieht man sie aber auch in den Kronen von sogar recht hohen Bäumen.

MARTENS (brfl. 1987) teilte uns, Nepal betreffend, folgende neue Beobachtungen mit:

1. Dolpo District, Gompa bei Tarakot, um 3300 m, gehört (und Gesang aufgenommen 4.—6. 6. 1973) — Fichtenwald mit Unterwuchs vergleichsweise trocken.
2. Thankur nördl. Dhorpatan, 3350 m, singt an vielen Stellen im Unterholz: Bachaue mit Tannenwald, Birken; Ende Mai 1973.
3. Dhorpatan, 3 Männchen. — Belege vom 8., 12. und 17. 5. 1973, Gonaden gut entwickelt mit 6, 7 und 8 mm, viel Gesang, Bachaue, mit *Pinus wallichiana*, *Abies*, 3000 m.
4. Chadziou Khola, Mustang Distr., 2650 m, reicher Laubmischwald, 1 Männchen vom 30. 6. 1970, 6 mm Gonaden.
5. Südl. Dhaulagiri, zw. Chitre und Ghandrung, Anf. Mai 1980, 2750 m, viel Gesang, feuchter Wald mit viel *Quercus*.
6. Kathmandu-Tal, Berg Phulchoki, 2660 m, Gesang im Unterholz des *Quercus semicarpifolia*-Waldes, 15. 5. 1980.
7. Trisuli-Tal bei Dhunche, 1900 m Bachschlucht, feucht, Mischwald, lebhafter Gesang, 23. 4. 1973.

Vertikal-Verbreitung zur Brutzeit: etwa 1900—3400 m (Minimum).

In Sikkim besiedeln die Orangenachtigallen bevorzugt Höhenlagen zwischen etwa 2600 und 3600 m, wo, wie üblich, dichtes Unterholz die Wälder durchzogen hat (ALI 1962).

Nach HEINRICHS Beobachtungen im Gebiet des Mt. Victoria (Burma; STRESEMANN u. HEINRICH 1940) lebt *Luscinia brunnea* hier als typischer Vogel der Waldränder der Hochgebirgszone ab ca. 2000 m, die von niedrigem Sekundärbusch in den tieferen Lagen, von Schilfbambusdickichten im Hochgebirge umrandet sind und wo geschlossener Waldbestand in freie Flächen mit einzelnen Baumgruppen übergeht, jedoch auch in lichtem Kiefernhochwald der hohen Gebirgslagen.

Die Ankunft im Brutgebiet erfolgt im allgemeinen Anfang bis Mitte Mai, so daß die Brut im zeitigen Juni, allerspätestens im Juli, stattfinden kann. Der späteste bekannte Nachweis eines Nestes mit Eiern datiert vom 17. Juli aus Kashmir (BATES u. LOWTHER 1962). Alle anderen im Juli gefundenen Nester enthielten Junge. — Das Nest ist tassenförmig und im Verhältnis zur Größe des Vogels recht voluminös. Es wird hauptsächlich auf dem bloßen Boden zwischen gestürzten Bäumen und kahlen Zweigen errichtet oder auch tief in Erdaushöhlungen und besteht aus größeren Mengen trockener und verwelkter Blätter, Moos, Würzelchen, Kräutern, alles durchwebt mit etwas feinem Haar, Wolle oder einigen Federchen (BAKER 1906, OSMASTON 1923, STRESEMANN u. HEINRICH 1940, ALI 1962). Meist werden vier hellblaue Eier gelegt. Die Nahrung setzt sich aus Insekten und deren Larven zusammen.

Wanderungen

Nur die Nominatform zieht und ist im Winter in Teilen des Indischen Subkontinents und auf Sri Lanka zu finden.

Travancore und Cochin: ALI u. WHISTLER (1935) bezeichnen diese Nachtigallen als sehr häufigen Wintergast überall in diesen Regionen. Die Vögel halten sich bis Ende April (im Ausnahmefall noch bis Mai) in dem immergrünen Unterwuchs auf, bevorzugen Dickichte aus *Rubus* und *Pandanus* und waren auch nicht selten in Kaffeebüschen und Cardamom-Pflanzen anzutreffen. — Aus den Eastern Ghats liegen nur Beobachtungen vom Frühling vor, während in den Western Ghats auch Herbstzug bemerkt wurde (WHISTLER u. KINNEAR 1932). — Für Mysore wird der Vogel als häufiger Winterbesucher angegeben, dessen Vorzugshabitate in den dunklen Cardamom-Schluchten, *Calamus*- und *Pandanus*-Dickichten liegen (ALI 1942): Bababudan Hills im Februar, Biligiri rangan Hills im Dezember.

Auf Sri Lanka treffen die Wintergäste im Oktober und November ein, wo sie in manchen Jahren im Jungle des Hügellandes bei 500 m sehr häufig sein können. Der Abflug liegt im März oder noch im April (HENRY 1955). Nach Beobachtungen von LEWIS (1898) scheint die Ankunft auf Sri Lanka (Sabaraga muwa-Provinz) mit dem Einsetzen des Nordost-Monsums in Verbindung zu stehen.

XVI · 1989

Milvus milvus (L.)

bearbeitet von

Wladimir M. Chrabryj, Wladimir M. Loskot
und Klaus Wunderlich

FUNDORTLISTE

Nr.	Fundort	Status	Quelle
1.	um Azrou	B	Lynes durch Pineau brfl. (fide Ortlieb 1982)
2.	um El Hajeb	B	Lynes durch Pineau brfl. (fide Ortlieb 1982)
3.	bewaldete Gebiete von Beni Aros	B	Pineau brfl. fide Ortlieb 1982
4.	S Tanger	Bc	Heim de Balsac u. Mayaud 1962, Ortlieb 1982
5.	Ceuta	c	Ortlieb 1982
6.	Coto-Doñana-Region	B	Bijleveld 1974
7.	zentrales Westspanien	c	Ortlieb 1982
8.	Raum Mauléon-Licharre	B	Yeatman 1976
9.	Buzançais-Gebiet	B	Yeatman 1976
10.	Raum Chéroy	B	Yeatman 1976
11.	Trélon	B	Yeatman 1976
12.	Raum Xanten-Kleve	B	Rheinwald 1977
13.	Friesland	B	Rheinwald 1977
14.	Wales	B	Sharrock 1976, Spencer 1986
15.	SE Ostenfeldt (Krs. Husum)	B	Kirchner in litt. fide Glutz von Blotzheim 1971
16.	Raum Schleswig-Flensburg	B	Rheinwald 1977
—	bei Satrup (S Flensburg)	B	Looft 1968
17.	Grevesmühlen	B	Klafs u. Stübs 1977
18.	Rostock	B	Klafs u. Stübs 1977
19.	Granitz (Rügen)	B	Wunderlich, unveröff.
20.	Schonen (= Skåne) u. Småland	B	Nefstrand 1970
21.	Södermanland	B	Nefstrand 1970
22.	Mazurian Lake Distr.	Bs	Tomiałojc 1976
23.	Elgawa	B	Lipsberg 1983
24.	Saulkraste	B	Lipsberg 1983
—	Carnikawa	B	Lipsberg 1983
25.	Smeline (20 km W Zarasaj)	B	Sinkevicius 1982

Nr.	Fundort	Status	Quelle
26.	Pripjat-Mittellauf:		
—	Lugicy	B	Schtamm 1923
—	Fluß Tremlja	B	Fedjuschin u. Dolbik 1967
—	Podbela	B	Fedjuschin u. Dolbik 1967
27.	Oster	↓	Woinstwenskij u. Kistjakowskij 1962
28.	Umgebung von Kiew	B	Zubarowskij 1977
—	Ljutesh (30 km N Kiew)	B	Zubarowskij 1977
—	Kontscha-Zaspa (12 km S Kiew)	B	Shesherin brfl.
29.	Umanj	Bc	Goebel 1879; Coll. Zool. Inst. AN SSSR
—	Umanj	B	Schtscherbak et al. 1976
30.	Tschobrutschi	J	Puzanow u. Nazarenko 1962
31.	Nowoselskoje (12 km E Reni)	N	Puzanow u. Nazarenko 1962
32.	Hateg distr.	A	Congreve 1929
33.	Vojvodina	B	Rašajski 1984/85
34.	Jelas-Polje (Slavonski Brod)	B	Šetina 1966
35.	Lonjsko polje	A	Rucner 1970
36.	Bakony-Gebirge	B	Tapfer 1973
37.	nahe Beroun	A	Hudec u. Černý 1977
38.	nordwestl. Thurgau	B	Schifferli et al. 1980
39.	W Wädenswil	B	Schifferli et al. 1980
40.	Broyetal	B	Schifferli et al. 1980
41.	Raum Yssingeaux	B	Yeatman 1976
42.	Arreau-Gebiet	B	Yeatman 1976
43.	an Straße Carlentini-Augusta	A	Krampitz 1956
—	in Pantalica	A	Krampitz 1956
44.	bei Selinunt	A	Krampitz 1956
45.	Balearen	B	v. Jordans 1928
46.	Pityusen	B	v. Jordans 1928
47.	Gebiet Berkane	↓ B	Brosset fide Ortlieb 1982
48.	Bou Iblane-Berge	↓ B	Brosset fide Ortlieb 1982
49.	westl. Rif-Gebirge	B	Pineau brfl. fide Ortlieb 1982

Anmerkungen

Zu P. 27: Das Brüten wird für möglich gehalten.
Zu P. 47 u. 48: Brüten wird vermutet.

LITERATUR

Anon. 1984 — Brit. Birds 77, 234.

Anon. 1987 — Brit. Birds 80, 10.

Bannerman 1963 — Birds Atlantic Islands. 1. Edinburgh-London. 43—47.

Bannerman u. Bannerman 1986 — Birds Atlantic Islands. 4. Edinburgh. 279—284.

Barabasch-Nikiforow 1928 — Zap. Dnipropetrowsk. inst. narod. oswity 2, 220—221.

Bijleveld 1974 — Birds of Prey in Europe. London-Basingstoke. 119.

Bourne 1986 — Bull. Brit. Orn. Club 106, 166.

Brown, Urban u. Newman 1982 — Birds of Africa. I. London-New York. 310—311.

Charlemagne 1926 — Trudy AN URSR 2, 35.

Congreve 1929 — Ibis 5 (12), 485.

Cramp u. Simmons 1983 — Handb. Birds of Europe, the Middle East and North Africa. II. Oxford-London-New York. 36—44.

Dementjew 1951 — Pticy Sow. Sojuza. I. Moskwa. 229—231.

Fedjuschin u. Dolbik 1967 — Pticy Belorussii. Minsk. 258.

Fischer 1980 — Falke 27, 86—87.

Glutz von Blotzheim, Bauer u. Bezzel 1971 — Handb. d. Vögel Mitteleuropas. 4. Frankf. a. M. 137—163.

Goebel 1879 — D. Vögel d. Kreises Uman, Gouvernement Kiew. St. Petersburg. 49—51.

Heim de Balsac und Mayaud 1962 — Oiseaux du Nord-Ouest de l'Afrique. Paris. 44—45.

Iwanauskas 1959 — Pticy Litwy. 2. Wilnjus. 208—209.

Iwanow 1976 — Katalog ptic SSSR. Moskwa. 42.

v. Jordans 1928 — Novit. Zool. 34, 304—305.

Kasparson, 1970 — Mat. VII. Pribalt. orn. konf. 2. Riga. 102.

Klafs u. Stübs 1977 — Vogelwelt Mecklenburgs. Jena. 132—133.

Krampitz 1956 — J. Orn. 97, 327.

Lipsburg 1983 — Pticy Latwii. Riga. 51.

Looft 1968 — J. Orn. 109, 211.

Menzbir 1895 — Pticy Rossii. 2. 93.

Niethammer 1938 — Handb. d. deutschen Vogelkunde. II. Leipzig. 247—252.

Milvus milvus
200 0 200 400 600 800
Kilometer

ORTLIEB 1982 — Der Rotmilan. Wittenberg Lutherstadt.
PORTENKO 1950 — Sborn. pamjati akad. Suschkina. Moskwa. 301—359.
PUZANOW, NAZARENKO 1962 — Acta ornithologica 6, No. 9, 109.
RADDE 1884 — Ornis Caucasica. Tiflis. 12.
RANDLA 1983 — Ochrana chischtschnych ptic. Moskwa. 154—155.
RAŠAJSKI 1984/85 — Larus 36—37, 227, 230.
RHEINWALD 1977 — Atlas d. Brutverbreitung westdeutscher Vogelarten, Bonn. 14, 27.
RUCNER 1970 — Larus 21—22, 55.
SCHIFFERLI, GÉROUDET, WINKLER 1980 — Verbreitungsatlas d. Brutvögel d. Schweiz. Sempach. 90—91.
SCHTAMM 1923 — Mat. pozn. fauny zwerej i ptic Polesja. Narodnoje chozjaistwo Belorussii 6, 80.
SCHTSCHERBAK et al. 1976 — Sborn. trud. Zool. mus. AN USSR 36, 13.
ŠETINA 1966 — Larus 20, 105.
SHARROCK 1976 — Atlas of Breeding Birds in Britain and Ireland. Calton. 112—113.
SHORDANIJA 1962 — Ornitofauna Mal. Kawkaza. Tbilisi. 116—117.
SINKEVICIUS 1982 — Musu gamta 1, 20.
SOMOW 1897 — Orn. fauna Charkowskoj gub. Charkow. 317.
SPENCER 1986 — Brit. Birds 79, 479.
STEPANJAN 1975 — Sost. i raspred. ptic fauny SSSR. Moskwa. 72.
STRAUTMAN 1963 — Pticy zapad. obl. Ukrainy. Lwow. 137—139.
TAPFER 1973 — Mitt. Mus. Kom. Veszprém 12, 589—594.
THIOLLAY 1968 — L'Oiseau 38, 198—200.
TOMIAŁOJC 1976 — Birds of Poland. Warsaw. 51.
TSCHCHIKWISCHWILI 1939 — Zakawk. kraewed. sborn., ser. A Esteswozn., I, 19.
TSCHCHIKWISCHWILI 1943 — Westn. mus. Gruzii 12 A, 171.
ULFSTRAND 1970 — J. Orn. 111, 85—86.
WILKONSKIJ 1896 — Mat. k pozn. fauny i flory Ros. imp., zool. 3, 82.
WINKLER, LUDER u. MOSIMANN 1987 — Avifauna der Schweiz. II. Non-Passeriformes. Sempach. 43—44.
WOINSTWENSKIJ, KISTJAKOWSKIJ 1962 — Wizn. ptachi w URSR. Kiew. 191.
YEATMAN 1976 — Atlas Oiseaux nicheurs de France de 1970 à 1975. Paris. 48—49.
ZARUDNYJ 1910 — Zap. Akad. nauk 25, 76.
ZUBAROWSKIJ 1977 — Fauna Ukrainy. 5. Ptachy. 2. Chyshi ptachy. 81.

Mündliche und briefliche Auskünfte gaben: A. W. ABULADZE (Kaukasus), J. LIPSBERG (Lettland), J. B. PUKINSKIJ (Gebiet Pskow), W. P. SHESHTRIN.

Milvus milvus (L.)

Rotmilan

Gliederung

Wohl monotypisch. Die kleinere, dunklere, insgesamt geringer rötliche und mit weniger tief gegabeltem Schwanz versehene kapverdische *M. m. fasciicauda* Hartert (Typus-Ex. von Šanto Antão; vgl. Bull. Brit. Orn. Club 33 [1914]: 89) wird neuerdings für das Ergebnis von Introgression zwischen *M. milvus* und *M. migrans* gehalten. Es wird vermutet, daß sie nicht länger existiere. Vgl. dazu detaill. u. a. BANNERMAN und BANNERMAN 1968. BOURNE (1986) hält es für zunehmend wahrscheinlich, daß es nicht selten Hybridisierung zwischen dem einheimischen Bestand und verflogenen Schwarzmilanen, wie von DE NAUROIS (1972) vermutet, gegeben, und daß sie auf den näher zum Festland hin gelegenen Inseln öfter stattgefunden habe.

Zur Verbreitung

Es ist kaum möglich, das Areal von *M. milvus* zu runden. Von der SW-Peripherie, jenseits von Spanien, scheint sich die Art seit längerem zurückzuziehen — vgl. obige Angaben zu *M. m. fasciicauda*. Das Vorkommen auf den Kanaren ist erloschen; letzte Sichtnachweise (auf Gran Canaria u. Tenerife) stammen vom Ende der 60er Jahre (Anon. 1987). Die Angaben für das festländische NW-Afrika bei BROWN et al. (1982) sind unbestimmt gehalten. Spanien wird dort, wo immer Wälder anstehen, besiedelt; die größte Dichte ist im zentralen Westen und im Südwesten konstatiert worden. BIJLEVELD (1974) bezifferte die spanische Population auf weniger als 1000 Paare. Die Coto-Doñana-Region ist Brutgebiet. Die französische Population umfaßte zu Beginn der 80er Jahre zwischen 2300 und 2900 Paaren (Anon. 1984). Der schweizer Bestand wurde 1976 auf 150 Brutpaare geschätzt und vergrößert seither sein Areal. Er „ist ins bernisch-freiburgische Mittelland, zum Teil sogar in die Voralpen vorgestoßen" (WINKLER et al. 1987). Dänemark ist rückbesiedelt worden: Nach dem Ausrotten der Art am Anfang des Jahrhunderts wurde regelmäßiges Brüten seit den frühen 70er Jahren festgestellt. Der 1986er Bestand betrug etwa 20 Paare, von denen 10 erfolgreich brüteten. Die schwedische Population vergrößert sich ebenfalls: mehr als 80 Paare 1982 (1980 = 50; 1981 = 54). Der 1984er Bestand in Wales zählte (nach SPENCER 1986) insgesamt 46 Paare, mit 33 brütenden; 21 Junge flogen aus.

Das heutige Verbreitungszentrum der Art bedeckt das Territorium der Deutschen Demokratischen Republik und Teile der Bundesrepublik Deutschland. Hier leben etwa 2400 Brutpaare (Gesamtbestand in der DDR 1200—1400 BP, in der BRD 1100 BP).

Stellenweise ist *M. milvus* nach *Buteo buteo* der häufigste Greif. FISCHER (1980) zufolge beherbergt die Teilpopulation in den Landschaften des Thüringer Beckens und des Harzvorlandes die größte Konzentration der Art überhaupt: über 400 Paare. „Hier bieten Waldinseln (z. B. der Hakel) einer großen Zahl von Paaren Horstmöglichkeiten mit 5,9 und 3,6 km^2 pro Brutpaar. Größere Populationen auf die Fläche bezogen als in diesem Raum gibt es nicht" (l. c.).

ORTLIEB veranschlagte 1982 den Weltbrutbestand der Art auf ungefähr 4400 Paare.

Die auf unserer Karte fixierte Südgrenze basiert teils auf Zusammenschau diverser Spezialkarten. Brutzeitlich geführte Sichtnachweise jenseits deuten Dynamik an, ohne daß Brüten festgestellt werden konnte (z. B. in Bulgarien).

Die vertikale Verbreitung reicht nicht weit. Schon 800 m Höhe gelten als ungewöhnlich. Dies schließt Vorkommen in regelrecht montanen Lagen aus.

Was den weniger bekannten Status des Vogels in Osteuropa angeht, so ist dieser Brüter und Zügler im Westen der europäischen Sowjetunion. Der Bestand ist gegenwärtig nicht groß, die Kenntnis einzelner Brutpaare gering, und nur westlich der Karpaten ist die Art gewohnter Brutvogel (ZUBAROWSKIJ 1977). Zur Verbreitungsgrenze existieren folgende Angaben: In den 60er Jahren des vorigen Jahrhunderts wurde am Südostgestade des Rigaer Meerbusens gebrütet (LIPSBERG 1983), von 1961—1964 in der Nähe der Zerbus-Sees (17 km W Dobel), nach KASPARSON (1970). In Lettland werden zur Zeit die südwestlichen Rayons besiedelt (LIPSBERG in litt.). PUKINSKIJ (mdl.) zufolge ist Brüten in der Nähe des Demino-Sees im nördlichen Pskower Gebiet wahrscheinlich, wo 1984—1986 ein Paar im Mai und Juni beobachtet wurde.

In Litauen als Brutvogel unbekannt und sehr selten (IWANAUSKAS 1959); lediglich 1981 ist ein Brutpaar im Nordosten in der Umgebung des Sees Smeline (Zarasaj-Rayon) festgestellt worden (SINKEVICIUS 1982). In Bjelorußland wurden brütende Rotmilane ausschließlich am Pripjat-Mittellauf angetroffen (SCHTAMM 1923, FEDJUSCHIN u. DOLBIK 1967).

In der Ukraine sind Brutvorkommen im Westen und Nordwesten, sporadisch im Südwesten (ZUBAROWSKIJ 1977). Im ukrainischen Polesje wird im Südteil gebrütet, nach Norden zu bis Oster am rechten Desna-Ufer gegangen (Gebiet Tschernigow), nach WOINSTWENSKIJ und KISTJAKOWSKIJ (1962). Einzelne Paare bewohnen den Raum Kiew, vor allem die Dnepr-Aue, wo Horste gefunden worden sind (ZUBAROWSKIJ 1977).

In der Mitte des vergangenen und zu Beginn unseres Jahrhunderts war Brüten aus der Gegend von Umanj bekannt (GOEBEL 1879); jetzt nicht mehr, wenn auch Stücke in der Brutzeit hin und wieder gesehen wurden (SCHTSCHERBAK et al. 1976).

Aus dem europäischen Süden der Sowjetunion deuten nur 3 Funde auf Brüten hin (PUZANOW, NAZARENKO 1962).

Offenbar ist die Art in der europäischen Sowjetunion gegenwärtig brutzeitlich nur im Raum Karpaten gewöhnlich. Andernorts horsten Paare vereinzelt, möglicherweise nicht in jedem Jahr. Vermutlich hängen sinkende Kopfzahl und Kleinerwerden des Teilareals auf sowjetischem Territorium mit Schrumpfen der Population im übrigen Europa zusammen.

Sich auf ältere Angaben (RADDE 1884, MENZBIR 1895, WILKONSKIJ 1896, TSCHCHIKWISCHWILI 1939, 1943) gründende Mutmaßungen über mögliches Brüten in der Kolchischen Niederung (DEMENTJEW 1951, SHORDANIJA 1962, STEPANJAN 1975, IWANOW 1976) beziehen sich nicht auf Funde von Horsten oder junger Vögel. ABULADZE (mdl. Mitt.) ist der Auffassung, der Rotmilan habe in Kaukasien nie gebrütet, vermeintliche Begegnungen mit ihm basierten auf Fehlbestimmungen. Achtjähriges stationäres Beobachten der saisonalen Greifvogelwanderungen an der Schwarzmeerküste im Raum Batumi erbrachte lediglich den (Sicht)nachweis eines offensichtlich verflogenen Vogels. Spezialkarten der Verbreitung bei YEATMAN 1976 (Frankreich), SCHIFFERLI et al. 1980 (Schweiz), THIOLLAY 1968 (Korsika), SHARROCK 1976 (Großbritannien), ULFSTRAND 1970 (Schweden), ZUBAROWSKIJ 1977 (Ukraine).

Oekologie

Der Passus kann in bezug auf West- und Zentraleuropa knapp gehalten werden; es existiert jüngere und reiche Literatur über nahezu alle Seiten der Rotmilan-Biologie (siehe dazu u. a. HARTERT 1914, NIETHAMMER 1938, GLUTZ VON BLOTZHEIM et al. 1971, CRAMP u. SIMMONS 1983). (ORTLIEB, 1982, hat eine verdienstvolle Zusammenfassung in monographischer Form geliefert.)

Die ökologische Präferenz des Vogels zielt auf vielfältig strukturiertes Tief- und Hügelland. Gern werden Horste in Gewässernähe errichtet; trotzdem ist das Gebundensein an Wasser bei weitem nicht so ausgeprägt wie bei seinem schwarzen Vetter. ORTLIEB (1982) umreißt treffend: „Neben den Auwaldungen der Flüsse, seenreichen Regionen und Waldgebieten, die mit offenen Landschaften abwechseln, werden ebenso Wälder in der trockenen Kultursteppe ohne jegliche Wassernähe bezogen.“ Optimales Habitat bestehe in Laubwald mit angrenzender Kultursteppe und reichem Nahrungsangebot (vornehmlich Kleinsäuger). Brutplätze sind sowohl in Wald als auch Fels registriert worden. V. JORDANS (1928) unterstreicht, daß auf den Balearen ausschließlich in Felsen gebrütet werde. Auf den Kanaren waren die Horste in den hohen Kiefernkronen plaziert (BANNERMAN 1963).

Die Wales-Milane bevorzugen alte offene Eichenwälder (aus *Quercus petraea*) auf steilen Talflanken. Diese Waldungen geben Horststandorte und Schlafplätze ab, Standvögel sind dort das ganze Jahr über anzutreffen (SHARROCK 1976). „Benachbartes Rand-Hochland und, weniger ausgedehnt, höher gelegene Schafweiden liefern den größeren Teil der Nahrung — Aas und Lebendes“ (l. c.). Weitere Angaben zum Habitat bei CRAMP und SIMMONS (1983). Das Jagdgebiet erfaßt, ganz allgemein, freie Flächen, darunter Feldflur vielerlei Art, Wiesen und Weiden, offene Moore und Brücher, fließende und stehende Gewässer. Zum Nahrungsspektrum siehe die vorzüglichen Zusammenfassungen in GLUTZ VON BLOTZHEIM et al. (1971), ORTLIEB (1982), CRAMP und SIMMONS (1983).

Auf Darstellen des Fortpflanzungsgeschehens in der Westhälfte des Areals (Ankunft, Balz, Revier, Horststandort, Horst und Horstbau, Gelege, Brutdauer etc.) wird aus analogem Grund in unserem Rahmen verzichtet; siehe dazu die ausführlichen Beiträge der o. g. Autoren.

In Lettland bewohnt der Rotmilan alte Misch- und Laubwälder unweit offener Flur (LIPSBERG 1983; Rotes Buch der Lettischen SSR 1985). In Litauen war ein Horst in einer Birke angelegt, „die mitten im Wald stand“ (SINKEVICIUS 1982). In Bjelorußland in hochaufragenden Kiefernwäldern beobachtet worden, zuweilen auf Elektrizitätsmasten (FEDJUSCHIN u. DOLBIK 1967; Rotes Buch der Bjelorussischen SSR 1981). In der Ukraine besiedelt er Laub- und hochgewachsene Misch-, auch Hangwälder, die mit offenen Flächen durchsetzt sind (ZUBAROWSKIJ 1977).

Der Horst in Litauen hatte als Unterlage ein altes Kolkrabennest: Abmessungen — 600 · 900 mm. Am 18. Mai fand sich darin das erste Ei, binnen Wochenfrist war das Gelege mit 3 Eiern komplett. Ihre Maße: 56,8 · 45,1 mm; 56,9 · 46,3 mm; 58,4 · 45,6 mm (SINKEVICIUS 1982). In Bjelorußland fand sich ein Horst im Wipfel einer Kiefer in 23 m Höhe, ein anderer inmitten einer Krone 18 m hoch (FEDJUSCHIN u. DOLBIK 1967). In der Ukraine waren Horste auf Kiefern, Eichen, Linden, Weiden in Höhen von 7, 20, 22 m. Ihre Maße: Durchmesser 400—850 mm, Höhe 200—500 mm, Durchmesser der Mulde 200—205 mm, Tiefe der Mulde 45—60 mm (ZUBAROWSKIJ 1977). Unterschiedlich bebrütete Eier sind im Raum Lwow am 2., 5., 12., 18., 25. Mai gefunden worden; im Odessaer Gebiet am 3. Mai, im Rowensker am 11. Mai; im Kiewer am 19. Mai (3 angepickte), am 7. Mai ein unbebrütetes (ZUBAROWSKIJ 1977). Angaben STRAUTMANS (1963) zufolge können im Karpaten-Gebiet Dunenjunge in den ersten Juni-Tagen angetroffen werden, flügge Jungvögel hingegen Ende Juli und Anfang August.

Zur Ernährung: In der Umgebung von Peretschin (Karpaten) sah PORTENKO einige Rotmilane am Kadaver einer Kuh. Im Raum Kiew fand CHARLEMAGNE (1926) am 19. Mai 1912 in einem Horst mit Dunenjungen eine Rötelmaus (*Clethrionomys glareolus*), Überreste einer Hohltaube (*Columba oenas*) und die Hälfte eines Moderlieschens (*Alburnus alburnus*).

Wanderungen

Stand-, Strich- und Zugvogel. Die meisten Brutvögel aus dem nördlichen Teil des Verbreitungsgebiets verbringen die kalte Jahreszeit (von Oktober bis Februar) in südlichen Gegenden, nicht südlicher allerdings als im mediterranen Raum.

ORTLIEB (1982, p. 88) vermutet zwischen den Populationen aus Nord-, Mittel- und Westeuropa auf der einen Seite und denen Osteuropas eine Zugscheide: Diese überwintern vor allem auf dem Balkan südostwärts über den Nahen Osten bis zum Nordiran, jene von Nordostfrankreich über die Pyrenäenhalbinsel bis in Nordafrika. Seit den 50er Jahren sind überwinternde Rotmilane in weiten Teilen des brutzeitlichen Vorkommensgebiets verstärkt gesehen worden. Solche Überwinterungen sind inzwischen an verschiedenen Orten Tradition, sehr wahrscheinlich durch anthropogene neue Nahrungsquellen begünstigt.

In Estland von 1960—1982 6mal wandernd registriert worden (RANDLA 1983). Im Pskower Gebiet (Umgebung von Pskow u. Izborska = Nowoizborska) wurden im Juni und Juli fliegende bemerkt (ZARUDNYJ 1910). Im nördlichen Bjelorußland am 10. August 1958 in der Nähe des Dorfes Nistowitsch (Loger Kreis) gesammelt (FEDJUSCHIN u. DOLBIK 1967). In der Ukraine im Charkower (SOMOW 1897), Poltawaer und Dnepropetrowsker (BARABASCH-NIKIFOROW 1928), Kirowograder und Zaporoger Gebiet (ZUBAROWSKIJ 1977) fliegend gesehen worden. Am 18. März 1901 wurde ein adultes Exemplar in Azerbaidshan (nahe der Siedlung Sarybasch, Rayon Kach) erlegt (Coll. Zool. Mus. Leningrad). In Georgien ad. ♂ am 15. September 1892 im Rioni-Tal (Coll. Zool. Mus. Leningrad) gesammelt, am 21. Juni 1893 ein Stück am Chanli-Paß (Coll. Zool. Mus. Leningrad). Im Nordkaukasus wurde ein ad. ♀ am 19. September 1916 bei Wladikawkas (= Ordshonikidze) geschossen (Coll. Zool. Mus. Leningrad).

Nach ZUBAROWSKIJ (1977) erscheint die Art an ihren ukrainischen Brutplätzen in der letzten März-Dekade.

FSC
www.fsc.org
MIX
Papier | Fördert gute Waldnutzung
FSC® C083411

Zeitfracht Medien GmbH
Ferdinand-Jühlke-Straße 7
99095 Erfurt, Deutschland
produktsicherheit@kolibri360.de